时装设计：
灵感·调研·应用
U0338436

国际时尚设计丛书·服装

时装设计：

灵感·调研·应用

[英] 罗伯特·利奇 著
张春娥 译

中国纺织出版社

致苏怡·麦卡锡（Sue McCarthy）

第 1～2 页：百索 & 布郎蔻以日本为灵感而设计的“高科技（Hi-Tech Romance）”系列，2009 年春夏

目 录

3 设计师案例：视觉评论

前　言

这本珍贵无比的书向我们提出了一些关于时尚调研的见解：什么是时尚调研？如何做时尚调研？时尚调研的作用是什么，以及为什么它有着重要的作用？本书还将为读者深刻指出：在全球工业环境下，为什么基本的调查研究对具有个人特质的设计师是多么的重要。

我与罗伯特（Robert）先生相识已经超过16年，第一次见面时，我还是他的学生，然后我成为一名独立设计师，再后来，我成为伦敦中央圣马丁艺术与设计学院（Central Saint Martins College of Artand Design）的助教，并有幸与罗伯特先生在一个教学团队中工作。我们作为一个教学团队，特别注重培养学生的调查研究能力，并鼓励他们不断完善自己调研设计的过程，最终使学生们能够有力地表达出自己的创意。罗伯特先生的服装史知识十分渊博，他在服装的剪裁和细节处理上的能力更是无法匹敌的。无论是作为一个训练有素的设计师，还是作为一个富有创新意识的制板师，罗伯特先生的实力，在其关于“时尚训练”调查研究的亲身实践中，都能够得到证实。

我们有一个重要的合作项目，即每年在中央圣马丁艺术与设计学院为二年级学生举办的年度裁剪项目，它的基础目标是为了帮助学生理解裁剪所能达到的最大可能性，它以“创意又简短”的过程为基础，

下图：20世纪早期的拉巴斯（La Paz），玻利维亚（Bolivia）。搬运工以传统的方法用背部搬运行李箱，摄影：弗兰克·G.卡本特（Frank G.Carpenter）

7页图：约翰·加利亚诺2004年秋冬系列，模特用相似的方法背着富有特色的旅行箱

并以罗伯特对这一学科的广泛知识为支撑。这一项目的成功之处在于将设计过程和对服装结构的研究过程相结合，以及对这两者密不可分的理解。

这本书的与众不同之处在于，它通过很多专业人士的个人观点传递出丰富的知识。在对教育和服装界的专业人士进行采访的基础上，我们有选择地融合他们的观点，目的是向大家传达出一个始终如一的信息——“个性化”。

这些采访揭示了一些经常在调研过程中被遮掩或假定的想法，这个过程只有那些本能的知道要怎么做的人才会清楚。同时，这些积极且富有启发性的案例研究还向我们证明：设计师的个性需要源于持续不断的基础调研。

作为一名独立设计师，我具有自己的商业模式，并始终坚持自己的独立运营，我觉得我的工作始终是以大量实质性的调研为基础的，这十分重要。我一直认为，为了构建一套个人的设计特色，需要我们去追求面料变化的创新方法，这是一个需要长期积累的过程。

从我早期的职业生涯开始，我在工作上的设计灵感就不仅仅来源于时尚产业，而且还来源于很多一起合作过项目的国际管理者，以及许多有创造性的从业者，其中一些灵感还引起了广泛的关注与研究。可以说，我的工作就是“研究员般的设计师”。

在我的设计系列中，其中一个十分关键的系列是于 1998 年发起的“布莱叶（Braille）系列”，这一系列是与皇家研究院进行合作的，通过对盲人所做的采访进行调研，盲人在当时是被大众所忽视的群体，这一系列接下来在世界范围内进行展览，而后被雷诺（Renault）汽车公司的设计团队利用，且在 2009 年由世界最享有声望的趋势预测家——李・艾德科特（Li Edelkoort）举办的回顾展中进行展出，这一回顾展的名字称为“考古特写：20 年的流行趋势预报”。

在这个世界上，要想独立完成设计是根本不可能的，懂得这一点对于学生和设计师十分重要。这本书具有大量的信息，并帮助读者打开大脑中所有创造性的想法。你们调研的过程会帮助你们建立个人的储蓄记忆，这些记忆中存有很多批判性的思想，当设计师在全球时尚产业中实现自我价值时，这些记忆能为他们的设计效果提供足够的支撑。

夏利・福克斯（Shelley Fox）
唐娜・卡伦（Donna Karan）时装设计教授
纽约帕森斯（Parsons）时装设计学院

上图：香奈儿穿着她极具代表性的两件式花呢套装

9 页图：年轻的伊夫·圣·洛朗（Yves Saint Laurent）正在黑板上画草图

导　言

在现在的时装设计和教育中，通过视觉调研来完成设计是一个重要的技能，没有它就没有设计的存在，就像任何设计师都不能在真空中创造出实物一样。创造性的思维常常需要“营养”和“刺激”，在这个世界上，人们追求新奇的事物，并富有创新，我们常常会听到“这样的设计早在以前就有了”这样的话，可见，调研在你的设计过程中扮演了一个重要的角色，它不仅能为你创造出新的灵感，还能带给你新的点子。可以这么说，如果没有可靠的调研作为支撑，就不会有新的设计出现。

亚历山大·麦昆，20 世纪后期最
著名的服装设计师之一

全球的时装设计概念在过去的一百多年里发生了巨大的变化。甚至我们现在说的“时装设计师”也是个相当新的概念，直到20世纪早期这一称谓才被人们所熟知，在此之前，只有缝纫工和裁剪师，还有，就是法国的伟大设计师们知道此称谓。

早期的时装设计师设计了许多时装，这些时装是随季节变化而流行的，但直到第一次世界大战之后，设计师的名字才被人们所熟知。

法国设计师可可·香奈儿或许是最早，也是最有影响力的设计师，20世纪20年代的年轻女性风尚（Flapper）就是她引导的。她所设计的女装大多简洁大方，她热爱小黑裙、带有男装设计理念的女装、香奈儿套装、水手风格时装还有人造珠宝。同时，她也许是第一个运用标志（Logo）的设计师，如今我们所熟知的她那两个相互缠绕的C，早在80年前就产生了。

20世纪20年代后期，在法国巴黎出现了另一位女装设计师伊尔莎·夏帕瑞丽（Elsa Schiaparelli），她是许多著名设计师的朋友，其中包括马塞尔·杜尚（Marcel Duchamp）、让·谷克多（Jean Cocteau）和曼雷（Man Ray）。伊尔莎·夏帕瑞丽设计的“视错画”（一种立体感极强且逼真的图形）毛衣，具有很强的超现实主义风格。她的许多设计都来源于艺术，确实，她是真正最早将发生在她周围的事作为灵感的设计师之一，她的灵感不仅局限于衣服的本身，而是超出了时尚的范围。她的名字与香奈儿一同被人们所提及，并且不再被藐视为“做衣服的意大利艺术家”，夏帕瑞丽一直到第二次世界大战结束才开始被人们所熟知，与香奈儿一样，她为人们留下了经久不衰的时尚遗产。

在1945年战争结束后，克里斯汀·迪奥带着他的“新形象”开始崭露头角，“新形象”不同于战时人们朴素的、箱形轮廓的形象，他的设计更加具有女性的柔美且款式更具多样性。时尚产业也因此再次在商业中产生了微妙的革新，这种革新不同于衣服本身的革新——直到时尚领域中年轻的设计师伊夫·圣·洛朗的出现，才被人们所知晓。伊夫·圣·洛朗曾经受雇于克里斯汀·迪奥，在1957年迪奥先生去世之后，他成为迪奥的首席设计师。在同时研究迪奥的设计理念以及当前全国服装概况之后，他成立了圣·洛朗时装屋，开始着手设计一些前无古人的时尚产品。奇装异服的风格、蒙德里安（Mondrian）的几何格纹的裙子、北非的色彩、革新的女士无尾礼服、吉卜赛风格和狩猎装……这一切都带来了巨大的影响。他在成衣上的一连串发明，使时尚产业更加年轻化，也更容易被人们所接受，总之，一切都变得更有趣了。

在1950～1960年这段时期，欧普艺术（Opart）与波普艺术（Popart）的出现，使艺术与时尚像1920～1930年这段时间一样，密不可分；此时的时尚产业也开始发生巨变，设计师们开始以瞬息万变的世界作为灵感，同时回望过去寻找那些不曾被发掘的新事物。在面料和制作方面的革新加快了时尚的发展，同时，年轻人也拥有更多的可支配收入，他们对时尚的需求日益增长，这也使得艺术与时尚的联系更加紧密了。

1

调研过程

调研过程

设计师可以从许多方面获取灵感，在视觉调研中，有数不清的可能性和可能产生的效果。在视觉调研中，设计师、学生和公司都在从她们调研的角度来讨论问题，在某些案例中，调研的材料被许多设计师与设计公司进行研究。在一些案例中，你呈现的系列作品的形象被看作一个“视觉灵感源”，在世界顶级的时装课程中，设计师和学生们会通过草稿本和概念板引发灵感。

上面所述，只是表达了一种观点：你的灵感来源可能有很多，有时可能只是来源于一张图片，但是设计师应该结合自己的美学理念，来打造属于自己的独一无二的风格。有些设计师会用他们独特的字迹作为签名，从而使得他们的作品与众不同。有些人会用不同的方法来做自己的调查研究，某一些调研对象可能与服装相关，有一些时候则可能是一个角色（真实的或虚构的）、一种颜色、一段故事或一种情绪进行，调研过程中可能包括图形、照片、雕塑或者建筑。一些设计师，如约翰·加利亚诺、维维安·韦斯特伍德，擅长将一段历史时期和不同地区的调研融合在一起。1996 年 3 月，加利亚诺设计出具有“女老板”特点的服装，这是将公爵夫人温莎（Windsor）风格与美国本土风格两种看似不可能的风格融合在一起的设计作品。其他设计师则可能会专注于时装本身，以此为基础进行研究、设计，如对特定类型服装的再造，尤其是重塑那些已经植根于品牌的历史服装。例如，由克里斯托弗·贝利（Christopher Bailey）及设计团队完成的关于巴宝莉风衣的季节性改造；李维斯（Levi’s）基于公司原有的文化而重新创新设计的牛仔裤；还有卡尔·拉格菲尔德（Karl Lagerfeld），他调整和改造了香奈儿套装，并对香奈儿时装屋内相关联的设计进行了改造。设计师通过参考文化并进行调研，或者是通过旅行或参观博物馆，可以激发对衣服轮廓、面料、色彩或风格的灵感，而有些灵感则来源于更深奥、更抽象的概念。许多设计师越来越多地被抽象主题所吸引并激发出灵感，例如朗万（Lanvin），就从梅森·马丁·马吉拉的作品以及川久保玲的系列“人类形式（the human form）”的变形元素中汲取设计灵感。

英国中央圣马丁艺术与设计学院的本科课程总监威利·沃特斯（Willie Walters），曾写道：“以前，人们曾问我们为什么不做关于服装历史的讲座，我们觉得那太狭隘了，虽然对于学生来说，了解服装的历史是十分重要的，但我们更希望他们从调研中发现各种可能性，一些言论、一朵花或者浴室的地板，都可以作为灵感。我们希望学生们从一个空白的项目开始入手，项目的内容是十分开放的，他们可以设计一件衣服，或者设计一个帐篷，甚至设计一团叫不上名字的东西。我们的目的就是让学生学会自己进行调研，并让他们对自己的第一个项目有兴奋感。在某一届学生毕业那年，有一个学生从一种叫作街头狂欢的索韦托（Soweto）舞蹈形式中获得了灵感，在他的毕业设计秀

中，人们大部分穿着西式的服装、非洲风格的大包裹裙，跳着令人惊奇的舞蹈。可以说，这场秀最终结果看起来非常英式，他获得了成功。即使每个学生的调研背景相同，但每一个人想到的东西不同，这就是为什么我们的项目会如此有趣。”

夏利·福克斯（纽约帕森斯时装设计学院时装设计与社会艺术硕士部的主任）声称：“设计师在设计的过程中总会带着个人主观的感受，这种感受来源于你所处的环境以及你所亲身感受到的一切。调研或试验不会以文字的形式存在于你的设计中，但它们是你调研、理解并质疑你做什么和为什么这么做的原因之一。我们鼓励学生们去发挥他们的创造力，但同时也希望他们能核实设计是否可行，一个设计最终应该是坚持自我且具有可行性的。”

对设计师来说，时尚意识是另一个十分重要的部分，作为设计师，你不仅仅要掌握服装和时尚的历史知识，还要对现在的时尚趋势十分敏锐，这种时尚趋势意识要始终贯穿你设计的主题，并应该与杂志和预测家所预测的一致，这些可预测的时尚趋势被视为是时尚的驱动力。除了具有时尚潮流意识之外，所有的设计师都应该学习、了解时代思潮、艺术、文学、流行文化和产品、建筑、雕塑、电子产业还有室内装饰，所有这些都能影响当代的时尚趋势，反之亦然。

安德鲁·艾比（Andrew Ibi）既是一名设计师，也是一名讲师，并在伦敦的便利商店拥有自己的女装精品店。她说：“你灵感的最佳来源就是你正在面对的一切，它是个人的、第一手的。我的工作经常以我看到的这些标志和指引为基础，并在我们的文化中利用它，但同时它又是可以被别人所理解的。我曾经花了三年的时间在商店的橱窗外看着世界在我眼前飞逝，感受我所生活的地方中最真实的一面，同时，我觉得：没什么事错过我，我也没有错过任何事。”

艾比说：“我的设计工作常常以现在和当代的事为中心，并且常常与特色和文化有关，我的设计工作有点像自传体，会融合特色、年龄、性别、文化还有社会准则，极具挑战性。在2011年，伦敦是一个复杂得难以置信并且不断发展的地方，每一次发展变化都会在我们身边产生一些新的东西。我要找到这些发展变化之间

1925年，伦敦，英国皇家骑兵队陆军上校圣·乔恩（St John）正离开圣詹姆士（St Jame）宫殿

相互影响的原因。这些变化中的一些理念引导着人们不断调研、试验，从而创造出新事物，产生非常现代和前卫的观念。也许这能帮助我们观察到事物的本质。”

伦敦金斯顿（King Ston）大学时尚专业的本科课程指导老师艾丽诺·伦弗鲁（Elinor Renfrew）有感而发：“在一些视觉调研的主题中，灵感可以来源于任何地方，如果我们给学生列出一张清单，他们就有可能看不到清单以外的东西。对于我来说，灵感常常来自于我意想不到的地方，如博物馆、美术馆、服装、艺术、电影、摄影、书展或者从没去过或是听过的地方。通常，在特定的时间内一本特定的书是调研的核心，许多同学在调研过程中会选择一本特别的书作为调研重点，从这方面来说，网络是个糟糕的选择，它作为你的调研来源是很次要的，每个人下载的是相同的图片，学生们需要跳出网络，到世界中去探索新的东西。”

艾丽诺·伦弗鲁继续说道：“当我 19 岁在伦敦的中央圣马丁艺术与设计学院读书时，我们要做很多方面的调研，使我们开心的是，在那几年中我们看到了多种多样的调研成果，每一年都有新想法出现，我不禁感叹新想法的层出不穷是一件多么神奇的事情。我曾见过，一个朋友十分思念他以前在利物浦（Livepool）的朋友，于是他选择了一张朋友戴眼镜的照片，并用这些眼镜的轮廓来做衣服的廓型，他完成得很精彩。那时候我就问自己：世界上还有什么不能被制作成衣服？还有一个大四的中国女孩，她调研的对象是正在消失的北京胡同，她说，‘它们全部都在消失，这让我很伤心。’她是一个为正在消失的传统和文化哀伤的中国人。”

时尚产业中的专业人士普遍认为，不论是设计师还是教育从事者，调查研究绝对不仅仅是一个重要的工具，同时还能获取灵感来源，灵感可以源于任何地方与任何事情，设计师应学会如何去找到它，然后最大程度地用它。如何利用灵感进行创作，取决于设计师的个性。

17 页图：亚历山大·麦昆 2008 年秋冬系列，以骑兵服装为灵感的外套搭配着纱裙

梅森・马丁・马吉拉（Maison Martin Margiela）

1988年在巴黎建立的品牌——梅森・马丁・马吉拉，是比利时设计师马丁・马吉拉的脑力产物，公司从建立之初就致力于扩宽能接受他们产品的消费者范围，他塑造的不同年龄层次的服装，大多都采用了解构及重组技术，并以此而闻名，他注重面料和时装的环保性，其员工包括16个不同国籍的设计师。有人评论道：“马丁・马吉拉本身是一个备受名人崇拜的时装设计师。”公司的团队说，“我们唯一想推到最前沿的是我们的时尚”。

公司最初用白色作为自己的标志色：办公室、精品店、陈列室和展览的场所全部被涂上了特殊的白色调。出现的几个比较重要的主题都有20年之久的历史，但这些主题却使公司变得更加独一无二，有一些主题也已经渗入了主流。

在1995年春夏“洋娃娃的衣橱（Dall’s Wardrobe）”系列中，洋娃娃的衣服依据人的身形被重新设计，不成比例的细节和生产过程被原封不动地还原了，巨大的拉链和缝纫线迹，都给时装带来了超现实主义的感觉。

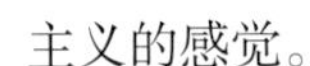

在1996年春夏的“视错画”系列中，结构简单的时装印上错综复杂的图片，一条1920年的绣珠晚礼服搭配了一条T恤衫，或在简单的外套里面搭配结构复杂的衣服。

1998年春夏的发布会中，马丁・马吉拉用“平面”作为他的设计主题，该系列的所有衣服在平铺时看起来像一块完整的平面。衣服肩部采用内置设计的拉链，所以从外部看，衣服是没有拉链的，且处于平面状态，事实上，这

18 页图和下图：图片来源于梅森·马丁·马吉拉第 20 周年的回顾展，该展览于 2008 ～ 2009 年在比利时安特卫普的嫫母（MOMU）艺术博物馆举办

种设计正好展现了与裁剪相对立的一面。

超大号的时装同样也是许多设计师表现的重要主题，但没有什么能比马丁·马吉拉在 2000 年春夏所展现的系列精彩：他将本应该是均码的白色棉质衣服，扩大至 74 码，并用多种布料拼接。

2003 年，马丁·马吉拉开始生产一些旧时装的复制品，每一件都被贴上标签以注明时装的历史和出处，比如可能这样标注一件夹克：“男式夹克，法国，1970 年”。

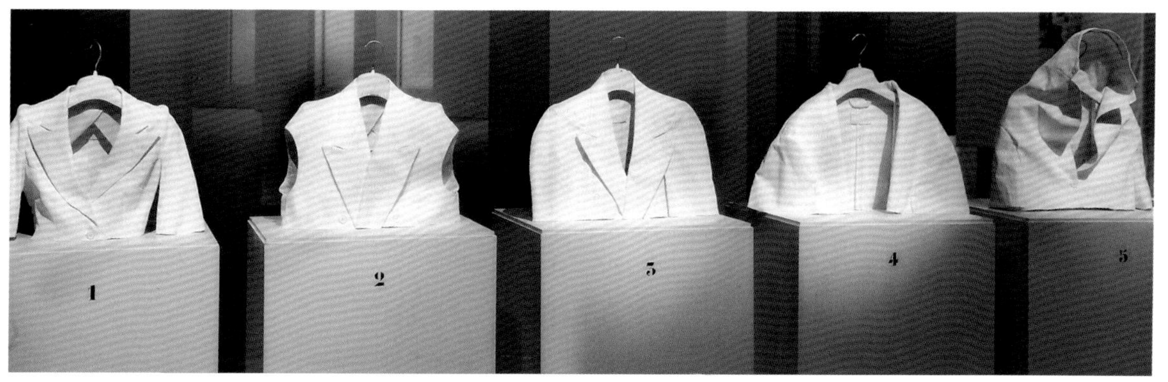

保罗·史密斯（Paul Smith）

保罗·史密斯，1946年生于诺丁汉（Nottingham），一直以来都是英国较成功的设计师之一，他于1970年建立自己的公司，时至今日仍是其独立拥有的公司。一开始，公司出售一些设计师诸如玛格丽特·霍威尔（Margaret Howell）和高田贤三（Kenzo）的作品，之后他开始设计和生产自己具有英国特色的时装，并广受喜爱。1976年，他将自己的工作地点搬到了已被遗弃的伦敦科芬园（Convent），并成为那里的第一个零售商，伦敦科芬园过去是瓜果市场，现在则变成享誉国际的时尚街区，也是许多游客游览的目的地之一。同年，他在巴黎举办了他的第一场个人时装秀。

史密斯具有古怪的幽默感和恶作剧能力，还有把现代和传统融合的能力，这使得他成为一个世界级的时尚巨星。保罗·史密斯的时装在75个国家和地区都有销售，包括：英国伦敦、诺丁汉、法国巴黎、意大利米兰、美国纽约、新加坡、中国香港、中国台湾、菲律宾、韩国、科威特等，还有阿拉伯国家，在日本，保罗·史密斯有超过200家独立的店面。

“我着迷于搜集到的任何东西，我在脑海中将它们设计成有特殊用途的作品——不管它们是精彩的或是愚蠢的。这意味着任何事物都可以视为视觉灵感源。一个中式香烟盒可能会让我想到一种包装袜子的新方式。一块来自埃及某市场的普通面料可能会让我打开设计思路，将其做成一件很花哨的衬衫，并搭配一件羊绒外衣，这看起来会非常棒。一个印第安的跳舞玩偶（有些人仅仅在书上见过），可能会引发一系列与豪华与媚俗、粗糙与光滑、聪明与大胆、图案与板型相关的设计想法。”

史密斯曾去过很多地方旅游，同时他也是一个敏锐的摄影师，记录和收集了大量的灵感源，不仅供自己使用，同时也供他的团队使用，是创作的原材料。他的店面包含了古怪且令人惊讶的元素，反映了设计师的个性和典型的英国风格。店中不仅陈列了保罗·史密斯的时装，还有珠宝、书籍、艺术品、古董和大批有趣又美丽的东西。一些其他的英国设计师的作品经常被同时陈列在史密斯个人的艺术品和古董旁。

保罗·史密斯对于他这种不拘一格的美学是这样解释的：“我们正引领着一个独一无二的英国品牌，我们将仅有的古董与高品质的时装陈列在一起，试想一下：你买上衣时所坐的那张椅子，也是可以销售的，这样我们在为你包好上衣的同时，还有一张椅子会在家里等待着你。”

保罗·史密斯在其工作室里，这里有大量可以启发灵感的物品

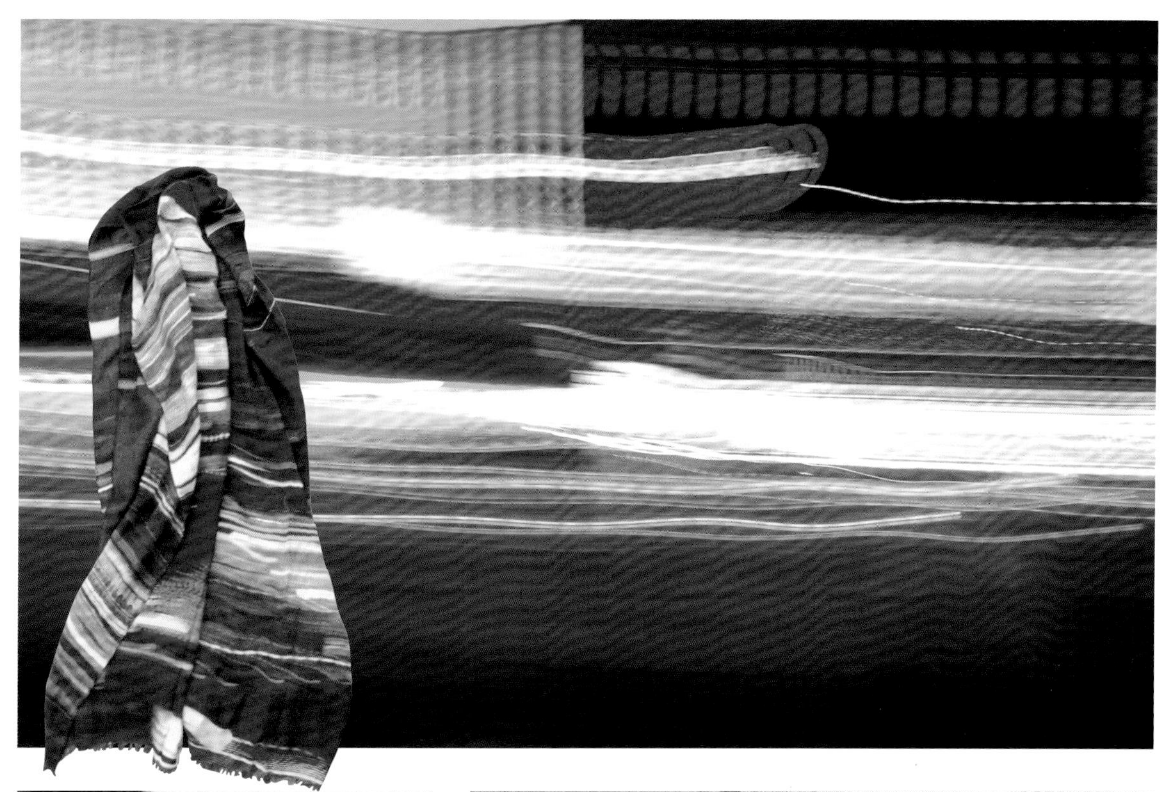

上图：由保罗・史密斯设计的光流图案，后来采用数码印花运用于真丝围巾上

下左图：秀场中的保罗・史密斯男装。该作品以面料为灵感来源，其图案和色彩来源于印第安妇女所穿的面料

下右图：在印第安普什卡（Pushkar），妇女外出取水时穿着色彩鲜艳的传统裙装

22 页图与下左图：在古巴岛上到处可见美国车辆，这两张图片由保罗·史密斯拍摄

上图：这一图像已经通过数码印花，运用在丝巾上

安娜·苏（Anna Sui）

下左图：安娜·苏在她所形容的"思维空间"里——她的灵感空间

下右图：安娜·苏所设计系列中的元素——20世纪的黑白陶瓷

25页上左图：比约恩·温布拉1960年为尼牟（Nymolle）设计的陶瓷牌匾

25页上右图：这条裙子的灵感来源于20世纪斯堪的纳维亚（Scandinavian）陶瓷，安娜·苏2011年春夏系列

美国女装设计师安娜·苏1964年出生于底特律，并在纽约帕森斯时装设计学院学习设计。1991年，她在纽约苏豪（Soho）区的格林街113号开设了她的第一家店铺，店内有着淡紫色的墙、黑色的古董家具和娃娃头，这一切都是安娜·苏品牌风格的具体表现。在安娜·苏现在位于纽约曼哈顿的店中，有一个称为"思维空间"的房间，里面充斥着她觉得能带给她灵感的各种东西，她将这个房间形容成她的三维空间灵感板。她非常喜欢丹麦画家、陶瓷艺术家比约恩·温布拉（Bjorn Wiinblad）在陶瓷上画的黑白画，比约恩对安娜·苏影响很大，这在安娜·苏设计的具有不同比例图案的单色裙子上可以看出，那些迷人的印花带给人一种异想天开的感受。

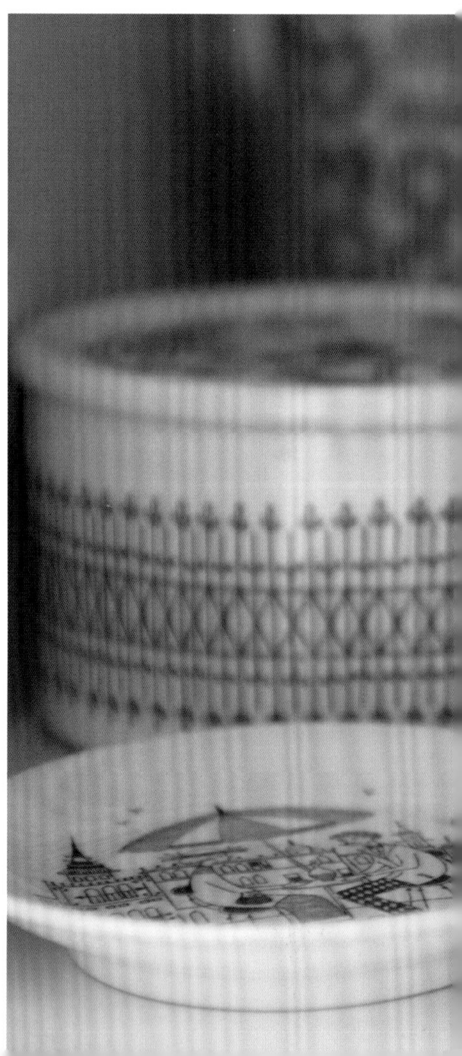

ANNA SUI

斯黛芬·琼斯（Stephen Jones）

女帽制造商斯黛芬·琼斯曾在伦敦中央圣马丁艺术与设计学院进行学习，1980年她在伦敦考文特（Covent）花园开了自己的第一家店铺，并且这家店迅速成为摇滚明星和皇室光顾的地方。他的设计异想天开、妙趣横生，并且手工异常精致，他总是能够捕捉到当下的流行趋势。在琼斯的职业生涯中，他与无数的国际设计师有过合作，其中包括川久保玲与让·保罗·高缇耶，他还与迪奥公司前设计师约翰·加利亚诺合作，轰动一时。

“我觉得自己每天每时每刻都在获取灵感，我意识到，在这种情况下我的作品就是自我体现，因此在制作过程中，必须直接而流畅地依据自己的经验进行创作，越钻研于其中的细节，越适得其反，因为我的灵感纯粹来自于制作过程中……最棒的帽子诞生于一时的突发奇想，制作过程中具有偶然性，而最终呈现的特色，让我以及戴帽者觉得耳目一新。”

斯黛芬·琼斯的作品现在在世界各地的展览馆都有展出，最近还作为巡回展的主题作品，在伦敦维多利亚和阿尔伯塔博物馆、比利时安特卫普嫫母艺术博物馆展出。

下图展示的帽子来自于2011夏季“漂流与梦想（Drifting Dreaming）”系列。

由斯黛芬·琼斯制作的帽子精美而具有梦幻感，其灵感来源于自然界中的景象——海滨（26 页图）以及傍晚的天空（本页图）

M 工作室（Studio M）

M 工作室于 20 年前在伦敦东南部的柏孟塞（Bermond sey）成立，最初由 M 实验室和 M 市场部两部分组成，为时尚产业提供全新的创意服务。工作室的创始人之前都在大型的国际服装公司担任高级设计职位，他们有着十分明晰的服务理念，即建立一个小型、独立、专业的创作团队，为大型企业和中等规模的公司提供服务。这些服务包括分析色彩趋势和风格趋势、产品评估、提出理念、印花和面料设计以及全套包装设计。

工作室的伦理观从建立之初到现在都没有改变，在这个充满竞争的行业中，为客户提供绝对定制的服务，并使之获得尊重与信心。工作室将客户们看作独立的个体来对待，并为他们选择适合自己的品牌和着装风格，以迎合客户的需求。这需要设计人员具备超强的创意调研技巧，热爱这个行业，充满工作激情。

公司的小型创意小组由自由职业的资深设计师以及年轻的时装毕业生组成，他们一起工作，提供着装理念，以满足客户的特殊要求。

扎实的基础调研和大量从调研中获得的灵感，是 M 工作室项目开展的基础。这些调查研究有助于补充 M 工作室的信息和预测色彩趋势，同时不被客户特别的需求所束缚。

工作室最初的调研方式是恒定的，设计师们有规律地参加国际艺术展览、古玩市场、毕业展、书籍发布会、设计讲座以及展览会，或采用一些简单的形式，如在街头观察行人。工作室对流行要高度敏感，以便察觉不断涌现的想法、色彩和理念。此外，特定趋势的调研时间被安排在每个季度的初期，这个时候，由设计师选择在哪里以及怎样进行这一季度趋势的调研。为了准备更多的头脑风暴，需要研究一些理念，以确定下一季的设计趋势与方向。

大多数时装公司没有这样的资源来进行这类专业调研和知识储备，而且很多好的产品设计师也没有时间和资源来进行色彩趋势发布，这些发布一年需要做六次甚至更多。对于 M 工作室的设计师来说，调查研究的工作在周末和节假日都不会停止，它们已经在设计师的心中根深蒂固了。对知识的好奇与渴求是一种本能，也代表着一种能力，它有助于你提高敏锐的观察和选择能力，并关注一些真实的元素，从而有助于预测一种新的流行或面料趋势。

下图以及 29 页图：M 工作室所做的服装存档记录图像和为客户展示的色彩影像

玛利亚·柯丽佳（Maria Cornejo）

设计师玛利亚·柯丽佳出生于智利，在英国受教育，在美国纽约工作，她在谈话中宣称，她不是那种从传统的主题观点出发的设计师，而是更倾向于将大脑内一些更深刻的想法融入她的设计品牌——玛利亚·柯丽佳＋零度（Maria Cornejo+Zero）中。例如，她喜欢从自己的感受与情绪中去获得灵感，而不是从那些古老的衣服中，她的灵感有的来自于她去希腊、印度或者土耳其的旅行途中，有的来自于她沿途用苹果手机拍摄的照片，通过这些灵感，她设计了数码印花系列作品。

柯丽佳热衷于这样一个概念：人类改造、破坏大自然这么多年后，大自然开始以它自己的方式同人类对抗，并会重新占据主导地位。这一概念与那些启发设计师灵感的概念、事物不同。设计师认为，即使是一朵野花，也能在残破的墙上生长并绽放，这就是大自然的魅力。在看完艾伦·韦斯曼（Alan Weisman）2007年出版的《没有我们的世界》（*The world without us*）一书之后，柯丽佳从中获得灵感并创作了2010年春夏的服装系列。这本书构想出了一个很详细的场景，即人类消失时候，大自然重新成为了这个地球的主宰。柯丽佳的这个系列基于以下四种元素——城市的噪音、水、草及森林而设计，整个系列以白色、强烈并带有建筑感的几何剪裁开始。随着时装秀的进行，时装慢慢在形式和轮廓上变得柔和了。随着这些元素的变化，整个系列的面料也变得柔和，面料被裁剪成圆形，自然垂坠、富有动感，这暗寓大自然重新占据了主导地位。

玛利亚·柯丽佳将玛德琳·薇欧奈（Madeleine Vionnet）和麦德姆·格瑞（Madame Grès）视为她的时装偶像，他们都与她一样采用相同的裁剪和立裁技术，这一技术在20世纪初期男权主义世界里十分流行。

上图：玛利亚·柯丽佳的肖像

31页图：玛利亚·柯丽佳2010年的春夏系列，从走猫步的模特着装中能发现设计师的四种灵感元素（从左上图开始，顺时针方向），即城市的噪音、水、草及森林

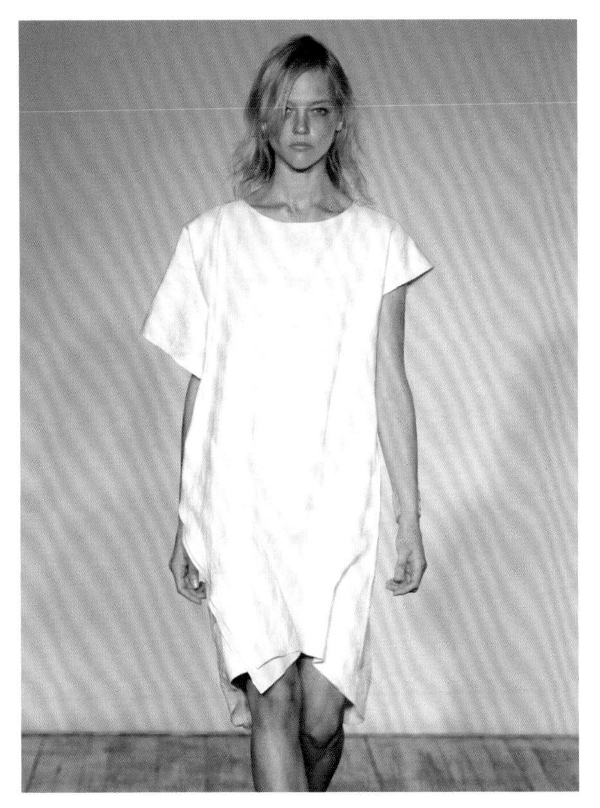

汉德 & 洛克（Hand & lock）

汉德 & 洛克专为剧院、军队和教堂定制刺绣，并以此在时装界闻名。公司拥有一个重要的历史档案馆，馆内收藏各种绣花样品和图案。这些资料都存储在位于车间上方的一个房间里，并经常被当代委员会所使用。这些经典的绣花图案是根据地理、种族、军种的分支、宗教和其他分类方式来分类存档的。

公司的历史渊源长的超出人们想象。在 1767 年，那些手工制作金花边的人被称为汉德，最初，他们是法国新教徒胡格诺派（Huguenot，法国加尔文派新教徒的别称）或者斯皮塔尔德（Spitalfields，法国新教）难民，后来，他们从法兰德斯迁徙过来并落户在伦敦。伦敦同时也是丝织业的中心。金花边的制作技能源自于意大利，必须手把手教，这样才能提高和完善学者的技能。镶着金色花边和刺绣的时装反映了着装者的地位，同时纹章也暗示着穿着者的等级、个性与成就。汉德公司由于军事手工刺绣而蓬勃发展。

1956 年在伦敦，一个名为斯特利·洛克（Stanley Lock）的年轻设计师接管了已经成立的 C.E. 菲普斯（C.E.Phipps）的所有绣花业务，C.E. 菲普斯成立于 1898 年，随后更名为 S. 洛克有限公司。在随后的半个世纪中，它发展到了一个新的高度，S. 洛克公司与许多著名的设计师一起合作过，比如克里斯汀·迪奥、诺曼·哈特内尔（Norman Hartnell）和赫迪·雅曼（Hardy Amies）。此外，S. 洛克公司还获得过皇家礼服皇家委员、英国女王、女王的母亲、安妮公主和戴安娜王妃所颁发的皇室勋章。在众多的舞台作品、音乐剧和电影中，都曾展现 S. 洛克公司奢侈而精美的刺绣和钉珠作品。

S. 洛克和 M. 汉德这两家公司在 2001 年合并为汉德 & 洛克公司。两年后公司加入 MBA 服装公司旗下。军事、时尚、时装、娱乐等所有元素都被汇聚。在伦敦西区的一个屋檐下，汉德 & 洛克这一品牌正式成立。两家公司的合并，使他们各自的资料得以合并、整合，这些材料绝对是十分有价值的资源。

上图：汉德 & 洛克的军用大衣

33 页上图：保存至今的古老刺绣图案

33 页下图：一个工人在汉德 & 洛克公司缝制教会上的服装图案

百索 & 布朗蔻
(Basso & Brooke)

布鲁洛·百索(Bruno Basso)和克里斯·布朗蔻(Chris Brooke)2009年春夏系列的灵感来自一个名为“高技术浪漫(High-Tech Romance)”的想法。为了激发灵感，这次调研旅行两人去了远东地区，这对搭档专注并沉浸在充满智慧而精致的日本风格里，而不是沉浸在城市的喧嚣中。这个系列通过色彩表达了对大自然的热爱，传递了一种积极乐观的生活方式。

该系列展现了设计师对日本的平安时代(Heian era)各种文化——精致的艺术、陶器和音乐的理解，日本人将这些视为社会中重要的经典艺术和文学形式。“我们受到日本的理念、法律、韵律以及美学的启发。”设计师从东方复杂的语言、大自然的美丽和技术的力量中汲取灵感。为了纪念日本之旅，他们将自然和未来技术相融合。作为时尚产业数码印花的先驱者，这对设计搭档采用激光剪裁和无缝技术把面料技术推向更高的层次，同时，将新的面料与印花技术相结合，形成自己的标志性设计。

大自然中处处有不对称的元素，这对该系列的印花产生了重要影响。与日本有关的传统图案题材有兔子、鸟、鲜花、波浪、水墨条纹和书法，设计师将欢庆的传统图案设计成形式简单、富有对比的几何图案。在东京，夜晚里行驶的车辆发出闪烁模糊的灯光，这成为了设计师的灵感源，创作出强烈的色彩——宝石红、鸢尾蓝和强烈的黑色。此外，设计师以京都花园的晴朗早晨为灵感，设计出拥有蓝天、暗淡玫瑰红、浅橙色和超真实的蜡笔画。

34 页上左图及本页上右图：照片来自于百索 & 布朗蔻 2009 年以日本为灵感的“高科技浪漫”系列

34 页下左图：这对设计师搭档在京都调研的旅途中所拍摄的光流照片

34 页下右图：具有日本主题系列的数码印花

上左图：穿着和服、撑着阳伞的日本女人

这一系列以标志性的裙装为基础，运用结构处理，使着装呈现数字化和逻辑化的效果。其中一条裙子以篮子的波浪纹为灵感，设计师将裙子裁剪成一件式洋装，上面复杂交错的细褶形成三维立体状；还有一件丝绸衣衫，表面采用褶裥设计，形成抽象的纹路；有些花裙为了形成对比，设计师将丝缎折叠成一定的形状，形成现代化的沙漏状轮廓。

大师级女帽制作者斯黛芬·琼斯（见第 26 页～第 27 页）为这一系列设计了超大的卡比（Kirby）夹子和夹发针，简单但具有震撼力。在华美精致的裙装上装饰施华洛世奇（Swarovski）水晶，为衣服添加了别样的魅力。饶达·阿萨夫（Raouda Assaf）与这对设计师搭档合作，为这一系列制作了具有雕塑感的鞋子，这些鞋子既具有流线型的外形，呈现出未来感，同时又自然、柔美。

汉娜·玛韶
(Hannah Marshall)

汉娜·玛韶的设计风格是一种奢华的极简主义风格，表现在设计上，即采用强有力的轮廓来彰显女性的魅力。她的作品涉及个性、隐私与掌控等理念，她的研究领域主要包括一致性、克隆、性别、性感、转换、盔甲、曝光、偷窥、秘密消息等。除此之外，技术、创新、人类和数字化的世界都是其研究的领域。音乐是她工作的强大动力，此外，她相信不同层次的人在进行交流时，词汇和声音是传递和捕捉信息的关键。

玛韶说："穿着汉娜·玛韶的女人是内心强大并且充满自信、永不妥协的女性，她们不是某一种特定年龄和类型的女性；而是无论在何地、做何事，都秉持特定态度及审美观点的女性。我的时装偶像们全都风格多样、个性鲜明并相当受人尊敬，比如蒂达·史云顿（Tilda Swinton）、格雷斯·琼斯（Grace Jones）、卡门·戴尔·奥德菲斯（Carmen Dell' Orefice）、克里斯汀·麦克梅纳米（Kristen McMenamy）、比约克（Bjork）、艾莉森·莫莎特（Alison Mosshart）、苏克西·苏克（Siouxsie Sioux）和帕蒂·史密斯（Patti Smith）。

相当多的音乐家喜欢我的品牌，包括英国独立流行乐队——弗洛伦斯与机械（Florence and the Machine）的弗洛伦斯·韦尔奇（Florence Welch）、蕾哈娜（Rihanna）、娜塔莎·汗［（Natasha Khan），又称为棒棒仙女（Bat for Lashes）］、艾莉森·莫夏特（Alison Mosshart）、杀手乐团（The SKills）、勃朗黛（Blondie）、英国摇滚四人乐队（Skunk Anansie）成员、贝丝·迪托［（Beth Ditto），当红美国摇滚乐队——"流言"乐队（The Gossip）的主唱］、嘎嘎小姐（Lady Gaga）和杰西·简（Jessie J）。我最激动的时刻就是在《仙境》（*Wonderland*）杂志的标志性封面上，看到珍妮·杰克逊（Janet Jackson）穿着我专门为她定做的脊柱袖连衣裙，这令人难以置信。我是所有杰克逊音乐家族的超级粉丝，我为此感到十分骄傲。

我为弗洛伦斯与机械乐队的表演、写真以及音乐录影设计过时装。对我而言，最兴奋的时刻就是为弗洛伦斯的《曙光》（*Dawning*）专辑创作紧身衣，这件专为弗洛伦斯定制的紧身衣由皮革、雪纺以及施华洛世奇水晶制作而成。据说，《曙光》专辑是由道恩·沙德福斯（Dawn Shadforth）导演，由奥尔登·约翰逊（Aldene Johnson）负责造型。我喜欢为像弗洛伦斯这样的艺术家们设计独一无二的时装，不仅仅因为他们平易近人，而且使着装更加生动，此外，通过数字技术，我的作品可以永存。

下图：汉娜·玛韶在其概念墙前的照片

37 页图：汉娜·玛韶的工作室，展示的是一些用来做灵感源和研究的照片，非常引人注目

在这样一个充满了仿制品的环境里，时装能较好地传递个人的身份与特征。能展示自我的时装，或者能向世界传递我们所要表达的信息的时装，是我们需要的时装。我设计的时装能彰显女性能力，我喜欢采用富有强烈对比和肌理效果的面料塑造坚挺的廓型，无论是隐藏还是显示身体曲线，都力求让女性对自己充满信心”。

在汉娜·玛韶的工作室墙上，我们可以看到其2010年秋冬系列“我的军队（Army of Me）”的照片。她深受音乐启发，在她的概念墙上有许多歌手格蕾丝·琼斯的经典照片，此外，还有20世纪70年代末琼斯与艺术总监让·保罗·高德（Jean Paul Goude）合作的照片，这些照片令人难以置信。“我的军队”这一系列的主题是重塑人体和自我激励，在这一主题的指引下，汉娜设计了一系列夸张的廓型，这成为其设计生涯的一个创造性篇章。在那个传统的时代，“我的军队”这一系列的设计核心：艺术总监高德的创意、富有创意的时装摄影以及格蕾丝·琼斯这样一个兼具男女特性的中性人物。

时尚资讯信息平台（Stylesight）

在时尚产业里，时尚资讯信息平台是一个具有领导性的在线供应平台，它为行业内的专业人士提供时尚趋势的信息工具以及技术。它由资深服装生产商弗兰克·波铂（Frank Bober）于2003年创立，其目标顾客定位为在创意设计领域和在服装的生产、开发过程中工作的专业人士，这些专业人士可以利用网站的登录名和密码进入该网站的各类“创意板块”，以使其设计更加快捷、高效和准确。时尚资讯信息平台的总部设在纽约，另外在伦敦、中国香港、上海以及一些国家的首都都设有办公室。

作为趋势分析部门的高级副总裁，沙朗·格劳博德（Shron Graubard）一直坚定地认为：时尚资讯信息平台应不断更新内容以确保提供最新的信息，在此基础上对每一个专业领域的趋势分析内容进行不断的拓展。在纽约总部，沙朗负责网站内容的提供和更新，她同编辑人员一起工作，为时尚资讯信息平台的全球用户编辑趋势分析信息。她能在大量的街头时尚、秀场以及文化中准确洞悉并预测色彩和廓型方面的微小变化，这非常重要，能为公司检测、解释并传播全球时尚流行趋势提供依据。

当被问到有哪些设计师目前正用现有的方式进行调研时，沙朗说：“缪西娅·普拉达（Miuccia Prada）可能是这方面的佼佼者，她从各类资源汲取灵感，设计出前卫的时装系列作品，这些作品在许多消费者之间产生共鸣，并成为他们所喜欢的设计作品。在这一季的设计中，她可能会运用童话故事中的图像，而在另一季的设计中，她可能会运用猫王的图像，她总能想出一些引人注目、富有创意的事物。另一名出色的设计师是玛尼（Marni）的设计总监康秀露·卡斯第里奥尼（Consuelo Castiglioni），从她的复古家具材料、中世纪现代外形以及她与艺术家的合作［在上一春季系列中她运用了艺术家加里·休姆（Gary Hume）的图像］中可以看出她的研究领域。此外，德赖斯·范诺顿（Dries Van Noten）对于民族纺织品的运用令人惊奇，他不仅尊重民族纺织品并将它们推向了新的设计领域。罗达特（Rodarte）姐妹也从各类事物中汲取灵感，如从得克萨斯州汲取灵感，在那里她们对工厂工人的清晨工作方式进行调研，并以此为灵感设计服装。山本耀司对那些漂亮的历史服装进行了研究，同样这样做的还有维维安·韦斯特伍德，他们都将那些具有历史性、可穿性、值得骄傲的款式设计运用到现在的设计中。”

下图：Stylesight.com 网页上的趋势及色彩预测

39页图：“时尚资讯信息平台”提供的信息，是非常流行的街头时尚，是设计师永无止境的灵感源

当谈及调研的关键领域时，沙朗这样陈述：“秀场的时装是无价的。观看那些重要的、富有创新意识的设计师的作品，并分析他们在每一季选择什么元素来作秀，以及他们是如何将这些元素组合在一起的，这将令人非常兴奋。即使一场秀最初可能令人生厌，但坚持看下去，也常常会获得很多灵感。这类时装秀作品都是值得思考、分析的。”

对于设计师来说，每一件事情都值得调研，如派对上的人们、去往学校路上的孩子、电影、艺术等。从艺术中获得灵感十分重要，但是了解某一特定的市场同样重要。因此，零售商、杂志和博客都是重要的调研源。

最后，设计师应将个人作为调研对象，这至关重要，并需要抛开个人的品位、审美及个人喜好。你无须依从自己的个性，但是你需要以实事求是的态度来看待这个世界：即使你要设计一个大众品牌的终端产品，也要确保你的调研方法是真实可靠的。这样的话，最终的消费者也会感受到这种真实性。”

川久保玲
(Rei Kawakubo)

40 页图：多佛（Dover）街市场内景，由川久保玲设计

下图：2011 年秋冬“像个男孩”品牌系列

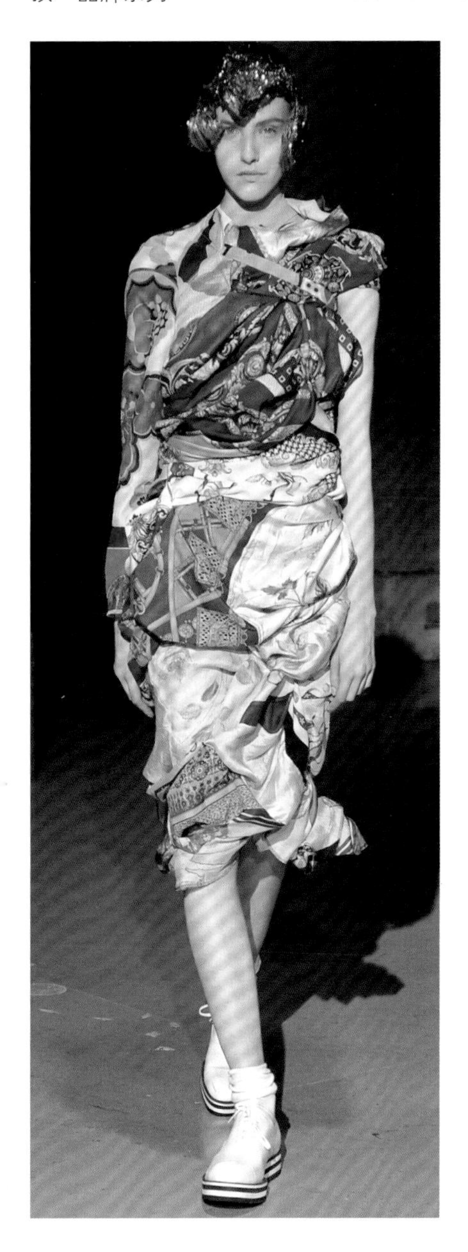

川久保玲于 1969 年创立“像个男孩（Comme des Garçons）”时装品牌，但是直到 1981 年她才在巴黎举办了她的第一场秀；她的服装色彩单一，款式上常常采用不对称设计，有着刻意的撕扯痕迹和未缝合的布边，所有这一切都为时装界带来了一场风暴。

西方时装在这以前还没有过类似的设计。某种程度上说，这些设计是川久保玲在为大众市场设计数十年之后的沉淀之作，其存在毋庸置疑的，毫无疑问只属于川久保玲一个人。此外，她借鉴了 20 世纪 70 年代末的朋克美学，在黑色中加入一丝理智和神秘难测的氛围，她设计的破洞毛衣闻名于世，法兰斯·格兰德（France Grand）在 1988 年出版的书籍《像个男孩》里这样描述：

> “人们常将这件世界闻名的黑色带破洞套头衫看作是那个时代的标志性产物之一，它意味着另一种优雅，如舞者在练习时的自信，玛丽莲·梦露（Marilyn Monroe）穿着毛衣时的性感，杰克·凯鲁亚克（Jack Kerouac）在道路上行走时的风采，勃洛克（Pollock）在工作室中展示的工作照片的形象，现代爵士的优雅，生动的戏剧所传递出的真实性，让·吕克·戈达尔（Jean-Luc Godard）的电影所表达的意境，以及所有一切将死板而又难解决的问题简易化的事物。”

她极富有创意的作品还包括 1997 年的“让身体成为裙子（Body Becomes Dress）”设计系列，她用衬垫去填充时装原本突起的地方，使之更夸张。这种方式挑战了对美丽的女性体形已有的认知观点，在时尚领域中具有突破性而且令人震惊。

2004 年，川久保玲在伦敦的多佛街开设店铺。这家店铺的位置靠近货品精致的邦德（Bond）街，店里不仅销售川久保玲自己的衣服，一些受其邀请的设计师也在店内展现创意，被选中的设计师为此通常会单独开创一条产品线。

“像个男孩”品牌近几年也会与许多其他品牌合作，包括李维斯、匡威（Converse）、耐克（Nike）、英国著名眼镜品牌卡特勒与格罗斯（Cutler and Gross）、法国品牌鳄鱼（Lacoste）、世界著名泳衣制造品牌速比涛（Speedo）、英国著名网球用品品牌弗莱德·派瑞（Fred Perry）和路易·威登（Louis Vitton），而在 2008 年底，公司与 H&M 通力合作，把一系列川久保玲的时装带入高街市场。

川久保玲公司的广告形象往往让人一眼就能辨认出并发人深思，广告中包含了一些时装的照片、人物肖像以及一些川久保玲觉得美好或能激发她灵感的事物。这些广告往往是川久保玲与其他艺术家合作的成果。与她合作的艺术家主要有：吉尔伯特 & 乔治（Jilbert & George）、孟多哥（Mondongo）、奎氏兄弟（the Quay Brothers）、中国艺术家艾未未（Aiweiwei）、摄影师辛迪·谢尔曼（Cindy Sherman）以及美国舞蹈家摩斯•康宁汉（Merce Cunningham）。

2

调研与灵感

历史调研

设计师不断对历史中的事物进行调研，并从中寻求灵感，如一个老画家绘制的肖像、一块古希腊雕像上的布料、20 世纪 20 年代的时髦女子、摄政团的花花公子——这些元素对于设计师而言，如同谷物对于磨坊一样，有着重要的意义。

时尚史和服装史是设计师最重要的资源，对学生而言，掌握服装史十分重要。设计师无论有什么独特的设计手法，都应借鉴历史，同时利用自己的设计技巧、经验和想象来进行产品创作。

现在有很多设计师都根据历史上出现的众多事物，以自己独特的方式进行创作，约翰·加利亚诺就是改编历史服装的艺术大师，他成功结合了 20 世纪 20 年代和 20 世纪 60 年代的时尚元素。众所周知，加利亚诺对时尚历史了如指掌，在他的手中，这些历史元素变得新奇且漂亮，而这些创意完全代表了他本人的设计风格；他用这一熟练的技法在时尚圈已经立足几十年。相比而言，马克·雅克布（Marc Jacobs）则以十分快捷的速度成为美国 21 世纪的时尚设计大师，他的作品与拉尔夫·劳伦（Ralph Lauren）的“传统（heritage）”风格不同，“传统”风格是典型的美国风格，其灵感来自美国不同时期的历史——经济萧条时期、20 世纪 50 年代、军装，这些都被拉尔夫·劳伦以自己的方式进行整合，设计出的服装通常还加入了一些电影等文化元素，从而创造出具有重大影响力的作品。

在设计生涯的后期，亚历山大·麦昆也经常从历史主题和历史概念中汲取灵感。他早期的作品——1995 年秋冬发布的“高地掠夺（Highland Rape）”设计系列，其灵感来自英国侵略苏格兰的这段历史，这一直引来争议性的评论。随后他在 2006 年秋冬发布了“克劳顿的寡妇（Widows of Culloden）”设计系列，又重温了这一主题。他 2008 年秋冬发布了“住在树上的女孩（The Girl Who Lived in The Tree）”的设计系列，其灵感则来源于维多利亚女皇统治后期。麦昆通过融合不同的历史和文化来进行创新设计，他的作品往往具有怪异的主题，带有强烈的叙事性、新奇性，美丽却又充满黑暗。

44 页图：约翰·加利亚诺 2008 年春夏系列，以轻佻女郎为灵感设计的裙子

上图：20 世纪 20 年代女性穿着当时风靡的轻佻女郎短裙

下右图：20 世纪 20 年代经典的轻佻女郎短裙

I AM EXPENSIV

46 页图： 维维安・韦斯特伍德设计的既浪漫又复古的礼服，2006 年秋冬

上右图： 尼古莱・马斯（Nicolaes Maes，1634 ～ 1693 年）绘制的红衣女子

下左图： 1890 年维多利亚时期的独创礼服

维维安・韦斯特伍德非常喜爱 18 世纪的油画家弗莱格莱德（Fragonard）的绘画作品，并经常从这些浪漫而令人兴奋的作品中汲取灵感；同时，她也喜欢带褶皱的传统面料、高原地区服装，并对那些具有几百年历史的服装以及艺术中的易识别元素非常关注，这些服装和艺术都很真实并且别出心裁，其中很多她都进行了标注以作引用。她持有理想主义以及浪漫主义的观点，也许可以引用她的话对其观点进行总结："回望过去是如此重要，因为人们确实具有不同的喜好和品位，如果不去回望和发现，很多东西将不会被重视和利用。"1993 年～ 1994 年，维维安・韦斯特伍德推出了男装休闲品牌"英国狂（Anglomania）"系列，她的新闻部向外宣称："韦斯特伍德认为英国和法国具有不同的时尚观点，而时装恰恰能反映两国不同时尚观点的交流与融合，'在英国，我们重视剪裁并认为简约即富有吸引力，而法国人则强调设计和比例，他们永不满足，并力求做得更好、更精致'。"

复古怀旧

复古和怀旧服饰对于设计师来说，可以为他们提供丰厚的灵感来源。这些服装的细节生动、裁剪合理、结构准确，对于设计师的调研来说，它们都是无价之宝。设计师通过服装的廓型、结构、色彩、图案或装饰细节，可以唤起人们对某一个历史时期的记忆。其实，有时历史可以通过时尚来定义，一个底边、一个肩部造型或一块面料上的独特图案，都反映了特定的时间和制作地点。任何领域的设计师都应该清楚地认识到，推动自己的设计不断向前的正是那些以往发生的事情。

古董衣店、古董专业服饰展览会、慈善商店或年长亲戚们的衣橱都是古董衣的重要来源。有时，仅仅通过服装的一些设计细节就能判定这件衣服的年代，例如，20 世纪 20 年代，流行低腰线与直线剪裁廓型的轻佻女郎裙装；30 年代，流行斜裁；40 年代，受战时经济条件的影响流行朴素的着装；50 年代，流行大裙摆裙装。20 世纪 60 年代的服饰可以看作是对 20 年代的直线造型的一种回归，但是这一时期的服装中添加了少量的太空材质，合成纤维也首次得以广泛运用。20 世纪 70 年代，受到嬉皮士的影响，裙子变得更长、更加飘逸，服装中也再次出现了自然色以及橘黄色，而这些特点在 20 年代之后的时尚界并不多见。20 世纪 80 年代，最有名的是具有强硬风格的裙装、尖锐的肩部造型以及又紧又短的裙子，这些其实意味着商业化。设计师通过回顾过去进行再创造，而不是一成不变照抄过去；他们将新的元素融入时装设计中，但是我们能从这些元素中感受到不可磨灭的历史感。据伦敦威斯敏斯特（Westmin Ster）大学课程主任安德鲁·格罗夫斯（Andrew Groves）所说："调研的内容不仅仅在于服装的风格和外表，应对服装的历史进行探究，这至关重要。"

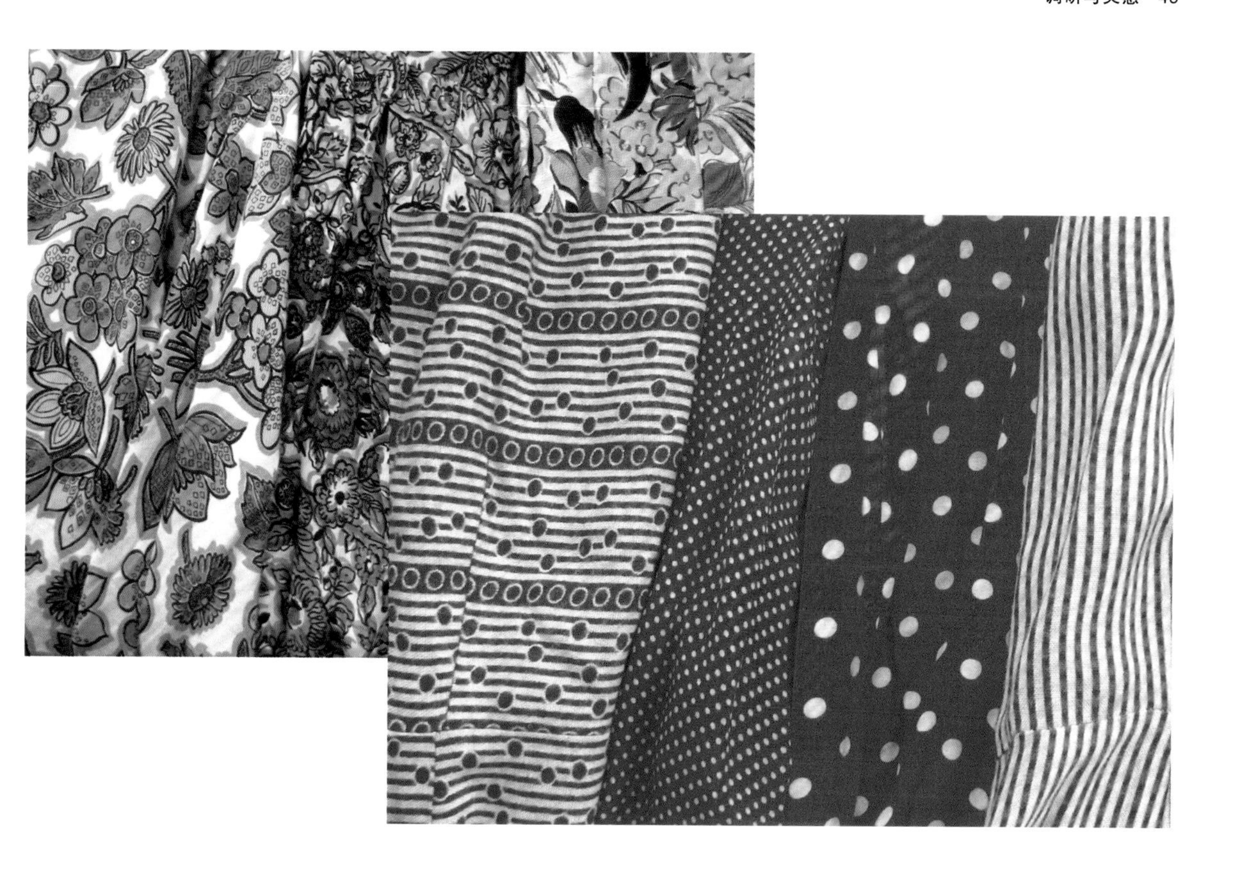

许多设计师的设计灵感仅仅来源于一本书或者某本杂志上的二维平面图像。一些设计师知道服装是立体的而非平面的，进而不断学习如何更好地进行服装设计。但一个平面的二维图像不能完整、真实地反映一件实实在在的立体服装。

就像塞西尔·比顿（Cecil Beaton）所拍摄的迪奥晚礼服图片一样奇妙，其实学习这种古董衣的内在意蕴可以得到很多启发和收获。通过学习和借鉴前人的裁剪和结构方法，设计师将会对服装有一个全新的认识。当然，这并不只限于高级定制的古董衣，其实早期的任何服装都可以成为宝贵的灵感来源；无论是实用的成衣还是制服。在那些古董衣所处的年代里，独有的制作与设计方式会影响到面料的选择、制作和裁剪。无论当时的潮流是什么，在古董店或慈善商店发现的服装都是那个时代的映射，其设计往往值得探究、寻味。在过去一百年中，二维图像曾被千千万万次地使用、挪用、引用和表现，之后又在互联网上传遍，服饰具有独一无二的特性，它给调研中的设计师带来新的灵感。

48 页上图：洛蒂（Lotty）内部，一个东京的怀旧商店

48 页下图：伦敦的古董衣店内，超怀旧的一系列衣服

上图：20 世纪 30 年代与 40 年代的复古织物，展示了各个时期的图案和印花

服饰语言

每种类型的服装都有特定的结构、裁剪及工艺，这就是服装的语言，在服装设计的过程中非常重要。

当然，规矩可以被打破，但是服饰语言方面的知识对一个出色的设计师至关重要，一旦设计师精通这一语言，他们便可以颠覆它们，运用它们，为自己的设计添光加彩。这就类似于抽象艺术家们为了能画出令人信服的抽象线条、形状与色彩，而不断地进行传统绘画的训练，以磨练自己的技能。

裁剪的定义是什么？如何进行运动服或工作服的裁剪？粗布棉衣、衬衫或军装分别有什么特殊的结构和制作工艺？设计师只有通过深入的观察、细致的调研，才能获得这方面的知识，这些知识是时尚教育的一个重要组成部分。

对于结构及其技术而言，同为插画家与演说家的理查德·嘉瑞（Richard Gray）认为，传统技术的发展和分析对于调研至关重要，“以往由传统手工来完成的工作现在借助机械来完成，人们已经对机械过分依赖了。传统手工与机械操作应该结合使用，以达到优势互补。我们不仅要理解多种资源应相互整合，而且要善于发现那些带来灵感的新事物，然后通过技术来利用它。”

针脚的长度是多少？接缝的缝制方式是什么？接缝有没有完全熨开？针脚有多少行？有多宽？它们是明缝还是暗缝？它们是邻近色还是对比色？缝线有多粗？这些听起来很普通，甚至有些多余，但对于整件服饰的语言来说十分重要，它们组合起来，能让一件特别的衣服变得更加与众不同。

一些公司和设计师都在服装语言中加入了自己独到的见解，独特的细节处理和生产技术使他们的设计变得更加独特并受人喜爱，如：美国品牌卡哈特（Carhartt），在服装的功能性部位的顶部拼接条纹；马吉拉的手缝标志；高缇耶的外挂夹克；李维斯牛仔裤后口袋的标志性缉线。川久保玲的衬衣极易辨识，因为多具有微小的侧缝线、一定的衣领明线宽度和顶部口袋形状。在川久保玲的衬衣系列中，当其他设计元素被不断优化和改善时，这些元素将永远不会改变，这是川久保玲衬衣品牌的核心语言。

伦敦中央圣马丁艺术与设计学院时尚专业学士（BA）课程主任威利·沃特斯（Willie Walters）针对这一课题说道：“在学生入学的第一年，我们对他们进行训练的第二个项目是衬衣项目，学生真正开始思考领、绱袖和扣眼。这个项目的出发点是你不知道你还有什么不懂……我们告诉学生我们从中国、日本、德国引进的技术和结构技巧，他们可以把领子放在任何他们想放的地方。例如，如果他们喜欢，甚至可以让领子围绕着褶边；但是如果从未做过一件衬衣，那么将领子围绕着脖子则更为明智，学生需要学习这些必要的技巧，从而让自己的设计之路走得更远、更出色。”

上左图: 1938 年，在塔特索尔（Tatt-ersall）的马匹拍卖会上穿着马裤的女性

上右图: 一张来自 20 世纪 40 年代美国杂志的图片，其特色是女性马裤

下右图: 20 世纪 40 年代独创的女士马裤

上图：伦敦威斯特敏斯特大学塞姆·汤（Sam Towner）的褶饰概念板

下右图和下左图（细节）：19 世纪伦敦金斯顿大学博耐登（Benenden）系列中原创的褶饰

53 页图：19 世纪穿着传统宽松外衣的儿童，由约翰·西蒙·瓦伯格（John Cimon Warburg）拍摄

EDWD. NADEN.

来自伦敦金斯顿大学博耐登系列的服装，对学生来说是一个丰厚的服装调查研究源

档案

在许多设计师的收藏或教育机构和公司所存放的档案中，既可能有过去生产的服装，也包括“资源”服装（如那些被买进来的有趣的历史或传统服饰）和可激发灵感的经典及复古的服装。设计师从中汲取精华，并由此激发细节设计的灵感，例如口袋设计、刺绣风格定位、领型或整体廓型设计。通过仔细调研，设计师可以获得很多知识，也有利于掌握服装设计的方法。作为金斯顿大学时尚课程部门的主任，艾丽诺·伦弗鲁（Elinor Renfrew）在谈论金斯顿大学的博耐登系列复古服装店时说：“历史调研在于理解，而不是充分利用调研。历史调研是设计师们的核心工作，这也就是为什么我会认为博耐登复古服装对于金斯顿大学如此重要的原因；可以从复古服装中思考过去，并且进行借鉴和再创造，这是很有利的。正是凭借这些，优秀的设计师脱颖而出，这也是服装教育理论基础的核心。一个设计师，如果没有很好地了解服装历史知识，那也只能算是半个服装设计师。”

运动服装公司 SPW 是一家意大利公司，曾经拥有石头岛（Stone Istand）品牌和之前所拥有的 C.P. 公司。其总部位于意大利摩德纳（Modena）边上的小镇拉瓦里诺（Ravarino），公司拥有一个大型仓库，不仅保存了公司过去 35 年的服装档案，而且还保存了其他实用性服装，设计师们往往将这些资料用于研究之中。石头岛品牌与 C.P. 公司都是由设计师麦斯默·欧斯丁（Massimo Osti）创立的，他想通过运用新型面料和创新的生产技术来设计功能性和实用性并存的男装。通过学习档案相关资料，既可以将先前设计系列中的想法、风格和细节作为参考，也可以结合新技术重温设计思路。对于这样的公司来说，设计是以之前的产品为基础，逐步展开的，每一个季度并非都从零开始。所以激发设计师灵感的就是这些已有的档案和设计的过程，如今，多恩来德·杜恩肯（Donrad Duncan）和麦斯默·欧斯丁合作的品牌——MA.STRUM 已经上升为一个新的品牌。杜恩肯还从欧斯丁的高科技面料中受到启发，设计出功能性外套。

博物馆

世界上的博物馆和美术馆仍然是设计师和研究学者最宝贵的资源之一。据插画家和演说家理查德·嘉瑞（Richard Gray）说，设计师的主要灵感来源是“博物馆，或者任何让你获得真实资源与信息的地方，如维多利亚和阿拉伯博物馆、受欢迎的服装系列、跳蚤市场和古董店，而不仅仅是出版物中的描述性图片”。设计师保罗·史密斯说：“任何东西都可以激发灵感，在实际调研中，大多数博物馆都允许你查阅他们的档案，或给你提供一些具体的信息以使你提前做好计划并安排好任务。但有些人并没有意识到与馆长或研究员交流并且深入了解档案也是非常好的机会。”他力劝研究者都不要忘记这一点：“并不严格只限于博物馆，例如，英国建筑皇家学院也保存着令人惊奇的摄影图片的档案，我相信，像英国电影研究所这样的地方也会有。”

对于如何利用博物馆和服装教育视觉研究，金斯顿大学时尚设计专业高级讲师兼设计师安德鲁·艾比（Andrewlbi）建议，“我们从身边所发生的事情上可以学到很多东西，通过历史可以了解到，当下发生的事件可以成为以后研究的主题。所以请注意观察周围有意义的事情并把它铭记于心。互联网是一个很奇妙的工具，但是很少有人能够采用既具挑战性又有效的方法来利用它，这太被动了，结果导致博物馆和图书馆都显得过时，未被充分利用。私人收藏往往让人难以接近，但是收藏者通常会对收藏品进行描述和回忆，这都是我们可以获知的第一手资料，也有助于发现那些被人们遗忘或者忽视的主题。”

从历史角度看，许多博物馆的收藏品来自于人们所馈赠的个人收藏。如今很多博物馆和美术馆都具有一些在线资源，在线

56 页上图：袖子细节，1830 年

56 页下图及本页上右图：18 世纪带有裙撑的服装，在英国巴斯（Bath）时尚和纺织品博物馆展出

下左图及下右图：展示在加利福尼亚州洛杉矶艺术博物馆的时装，其装饰华丽富贵：1891 年的女式斗篷（下左图），1760 年的外套和马甲（下右图）

资源上的收藏品都编入目录并且附有照片，这让查找某一特定风格或者某一历史时期的服饰变得方便而快捷。有时候，一些在博物馆里不能看到的藏品在网上会有相关的图片。除了固定展览外，大多数美术馆都会举办临时展，即一些有特殊主题的展览；这可能是一个独特的设计师的作品展，也可能是某个历史时期的服装或纺织品展览。一些研讨会的内容经常与这些特定的展览有关。

上图：2003 年夏帕瑞丽展览会时费城艺术博物馆的外观

下图：费城艺术博物馆的时尚展览

上图：中亚伊卡特（Central Asian ikats）关于沙漠绿洲色彩的展览，在华盛顿纺织博物馆展出

下图：英国巴斯时尚和纺织品博物馆的时尚展览

艺术灵感

从20世纪早期起，设计师们就常常通过艺术品寻找灵感。20世纪20年代，巴黎女装设计师保罗·波烈（Paul Poiret）从莱昂·巴克斯特（Léon Bakst）俄罗斯芭蕾舞团神话般的设计中深受启发，而服装设计师伊尔莎·夏帕瑞丽则因为与超现实主义艺术家萨尔瓦多·达利（Salvador Dalí）和让·科克托（Jean Cocteau）的合作而被大众所熟悉。事实上，20世纪20年代服装的廓型特点是提倡本性的立体主义派，廓型有管状，有流线型，更多的则是类似于塔玛拉德兰陂卡（Jamara de Lempicka）的绘画中的立体几何形。

20世纪30年代后期到20世纪40年代早期，欧洲人的创造性思维被战争扼杀，但是在美国情况却不同，吉尔伯特·阿德里安（Gilbert Adrian）从毕加索式的图案和形状中受到启发并以此为基础进行创作。战后，新艺术运动对巴黎、伦敦乃至全世界的时尚界带来了巨大的影响。在20世纪60年代，法国服装设计师安德烈·库雷热（Andre Courreges）和帕科·拉巴纳（Paco Rabanne）受到欧普艺术的单色和空间主题的深刻影响，伦敦的玛莉·奎恩特（Mary Quant）将波普艺术的雏菊图案变成自己的设计。伦敦的自由男士（Mr Freedom）精品店展示了亮丽、有趣的时装，这是受到了美国和英国新波普艺术的启发。时装上的连环图画和鲜艳的颜色再现了安迪·沃霍尔（Andy Warhol）的作品风格，而类似彼芭（Biba）这样的公司则走在装饰艺术复兴的前沿。

斯黛芬·琼斯以艺术为灵感来源设计的帽子，2010年11月在比利时安特卫普时装博物馆展出

伊夫·圣·洛朗敏锐地意识到精品服装的潮流和成衣化的流行，他在自己的设计中使用了许多波普元素，亨利·马蒂斯（Henri Matisse）的分割和蒙德里安的格子画也出现在他20世纪60～70年代的作品中。

亚历山大·麦昆更多的受现代艺术的影响，特别是乔-皮特·维特克（Joel-Peter Witkin）和汉斯·贝尔默（Hans Bellmer）的摄影作品，罗蓓卡·洪恩（Rebecca Horn）和安尼施·卡普尔（Anish Kapoor）的雕塑以及达明安·赫斯特（Damien Hirst）的混合多媒体艺术品。相反，像维维安·韦斯特伍德这样的设计师则更会被过去的艺术吸引启发，如浪漫的肖像画、弗拉戈纳尔（Fragonard）或庚斯博罗（Gainsborough）的理想风景画。约翰·加利亚诺追溯曼·雷和让·谷克

多的作品并且从中深受启发。川久保玲定期与当代艺术家合作，在公司的广告以及她的网站中使用他们的图像，其最近的合作者有孟多哥、奎氏兄弟和中国艺术家艾未未。

时尚资讯信息平台的沙朗·格劳博德写道："没有人会像艺术家那样用颜色，如果你想看到新的色块或条纹的组合，那你就去看肯尼斯·诺兰德（Kenneth Noland）和约瑟夫·亚伯斯（Josef Albers）的作品。如果你想使用鲜明亮丽的色彩，那就去看达明恩·赫斯特、安尼施·卡普尔的作品。看看艺术家们怎样设计T恤图案，怎样整理技术，怎样印刷排版，怎样处理表面纹理。"

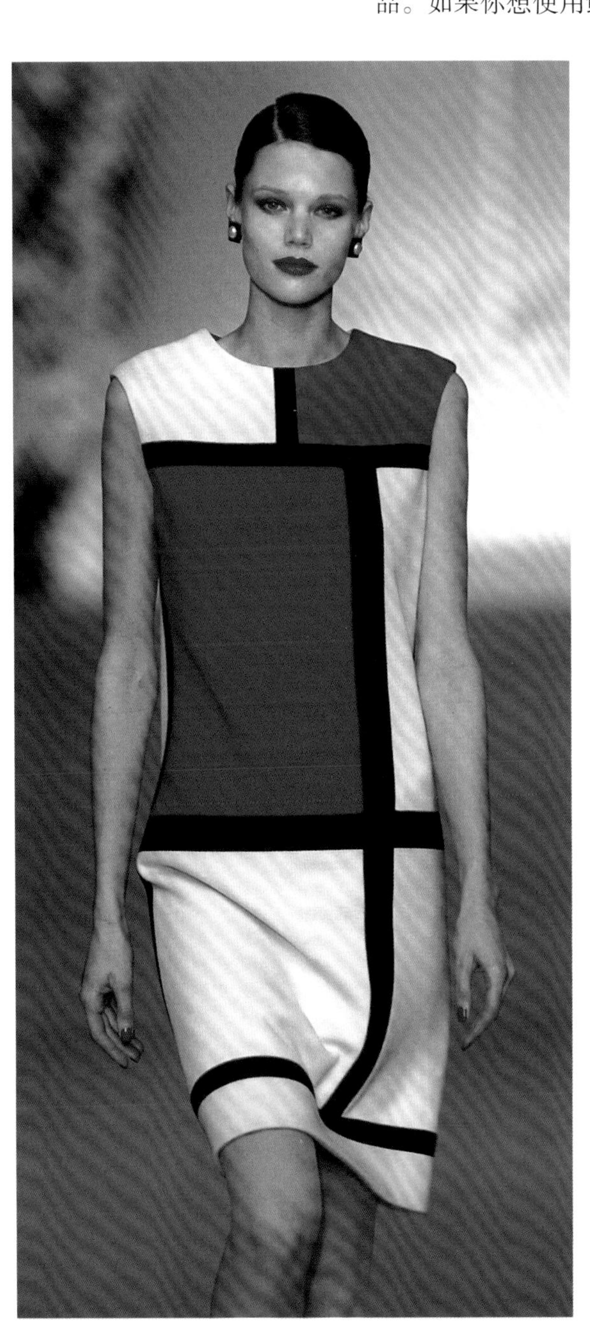

目前整个设计调研工作已经得到改善，这主要归功于服装教育，我们可以发现，设计师不再拘泥于一个显而易见的主题，这非常有趣。他们可能会选取某个神秘的艺术运动作为灵感，将他们其中的元素组合，创造一个故事，或者仅仅只是从一幅画，甚至是一幅并不为人们所熟知的画中受到启发。这个过程不仅仅是人们所熟知的元素再创作，而是一个设计的过程。在这个过程中，中央圣马丁艺术与设计学院的教授斯蒂芬妮·库珀（Stephanie Cooper）认为，艺术对学生来说俨然是一个非常关键的调研领域，也是灵感的源泉："那些研究人体的艺术家，在他们的作品中可能会展现人体，例如马克·奎恩（Marc Quinn），安东尼·葛姆雷（Antony Gormley）以及克里斯蒂安·波坦斯基（Christian Boltanski）。艺术家们首先要学习解剖学，然后再创作人体绘画或雕塑。世人对性别和美存在偏见，对此，路易丝·布尔乔亚（Louise Bourgeois）、汉斯·贝尔默（Hans Bellmer）、珍妮·萨维尔（Jenny Saville）等雕塑家和画家提出异议，挑战偏见。此外，艺术家还致力于探索动态的空间意识，了解反映时代精神的艺术运动，同时，与摄影师合作，这些摄影师，如奥古斯特·桑德（August Sander）、戴安·阿勃斯（Diana Arbus）和辛迪·谢尔曼（Cindy Sherman），抓拍人们的外观装束。

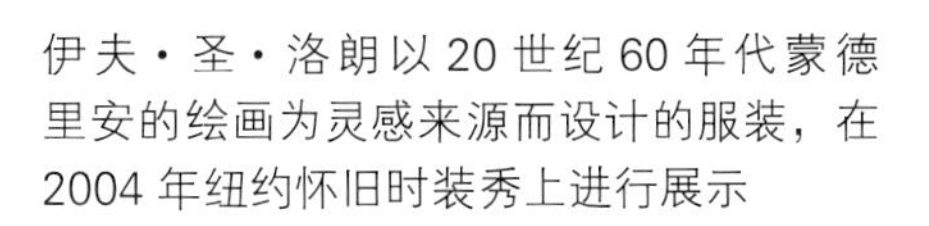

伊夫·圣·洛朗以20世纪60年代蒙德里安的绘画为灵感来源而设计的服装，在2004年纽约怀旧时装秀上进行展示

超现实主义

超现实主义仍然是时尚界最喜爱的艺术运动。最初只是基于各种理论，很快便盛行美女肖像、变形图和人体图，这些都是极好的时尚媒介。

早在1919年，马克斯·恩斯特（Max Ernst）就敏锐地洞察到服装设计是创新的新兴力量，并雇佣模特和裁缝为他工作。这是一个机械化的时代，缝纫机成为超现实主义艺术的强有力主题，这也在萨尔瓦多·达利、约瑟夫·康奈尔（Joseph Cornell）、雷·曼和其他人的作品中得以体现。因此，超现实主义与时尚密不可分。

在巴黎，意大利服装设计师伊尔莎·夏帕瑞丽通过视错法设计的手工编织黑色毛衣而开始了她的时尚事业，其毛衣具有一定的超现实主义韵味，这也使得她和许多超现实主义艺术家建立了友谊，并形成合作关系。夏帕瑞丽学习过雕塑和绘画艺术，通过一些超现实主义艺术家——包括达利、让·谷克多、雷尼·马格利特（Rene Magritte），她形成了自己新的时尚审美观。夏帕瑞丽在1937年与达利两次合作，这使她创作出许多经典款，如龙虾服，采用极具创意意味的龙虾印花；又如泪水印花服，装饰视错画的图案。这比20世纪70年代的朋克理念领先几十年，她还采用了20世纪80年代和90年代所流行的剪开法和解构法。龙虾服与泪水印花服都与达利的作品有直接联系。龙虾服是根据1936年《龙虾电话》创作的，而泪水印花服则与1936年的绘画作品《三个手持皮管弦乐队器的现实主义女人》有异曲同工之妙。夏帕瑞丽吸引了许多知名的客户，1937年塞西尔·比顿拍摄了穿着龙虾服的温莎公爵夫人［原名沃利斯·辛普森（Wallis Simpson）］照片，并刊登在《时尚》杂志春季刊上。夏帕瑞丽与谷克多也有着著名的合作，如一件饰有玫瑰、花瓶形状的刺绣晚礼服和一件交叉设计的晚礼服。从1937年秋天开始，盛行一种女性发式——头戴绣花发饰，长发飘飘，垂至袖子。夏帕瑞丽和超现实主义者的结合，对时尚产生了深远影响，他们留给世人的合作作品永恒而经典，并且时至今日仍被现在的设计师、艺术家、广告创意者所采用。

这一组图片展示了被艺术家和设计师所采用的超现实主义龙虾主题：萨尔瓦多·达利的《龙虾电话》，1936年（62页图）；夏帕瑞丽的龙虾服，1937年（左图）；法国设计师艾瑞克·海利（Eric Halley）设计的龙虾帽子，属于菲利普·崔西（Philip Treacy），由伊莎贝拉·布罗（IS abella Blow）穿戴，1998年（上右图）

上右图：20 世纪 70 年代采用视错法独创的 T 恤

左图：川久保玲 2009 年秋冬系列作品——视错法外套

65 页图：20 世纪 20 年代夏帕瑞丽采用视错法设计的蝴蝶结毛衣

视错法

视错法作为一种艺术手法，可以追溯到古希腊和古罗马时期，起初，它是一种绘于壁画上，能迷惑人的视觉的手法，让人相信实际上不存在的东西是存在的，例如，一扇通向别处的门，一个可以看到风景的窗户，一片在天花板上打开的天窗。在经过文艺复兴时期的探索和研究后，视错法（法语说“欺骗研究”）作为一种艺术方式繁荣发展起来。

20 世纪 20 年代，夏帕瑞丽设计的手工编织白蝴蝶黑色毛衣标志着视错法第一次在时尚界出现。1954 年，她在自传《可怕的一生》（*Shocking Life*）中这样描述她这件至今赫赫有名的毛衣：“我在衣服前面画了一个大蝴蝶结，看起来像一条围着脖子的围巾，这像史前时代孩子的原始绘画”，并强调“蝴蝶结必须是白色的，以搭配黑底色。”她的另一个视错法的设计是将新闻纸印至面料上，这一手法后来被约翰·加利亚诺采用并成为他的一个标志性设计手法。

现在许多设计师都喜欢采用视错法，很显然，他们喜欢这种风趣和带有欺骗性质的设计手法。香奈儿的设计师卡尔·拉格菲尔德采用新的手法，将单调的平面面料转变为粗花呢，并且采用大量的“珠宝”来装饰服装——事实上只是刺绣。高缇耶在紧身胸衣外添加外套，马克·雅克布在雪纺裙下搭配利用视错法设计的内衣。与此同时，索尼亚·里基尔（Sonia Rykiel）将毛衣的设计进一步创新，用仿皮带、结饰和纽扣来装饰裙子，这一设计很像夏帕瑞丽风格的毛衣——显然在 20 世纪 80 年代后，夏帕瑞丽的设计仍然激发了她的灵感。

比利时设计师马丁·马吉拉对视错法的使用采用了一种隐秘的方式，这也是他一贯的典型风格，例如，一件灵感来源于长沙发的夹克“契斯特菲尔德（Chesterfield）”，其上印有纽扣以及簇绒；又如，一件印有串珠的 1920 年代的简单运动裙看起来却像一件肥大的针织衫。马吉拉经常在 T 恤上采用视错法，如在领口运用视错法印上多种图案，这也许比 20 世纪 70 年代广泛盛行的燕尾 T 恤更显复杂。

欧普艺术

欧普艺术的主要创导者为布里奇特·赖利（Bridget Riley）和维克多·瓦萨雷利（Victor Vasarely）。欧普艺术是一种光学和视错艺术，在20世纪60年代被时装设计师和面料设计师所采用。他们通常以黑白两色组合而成强烈的图形元素，十分符合当下流行的未来风格。粗大并引人注目的图形很衬20世纪60年代简单的几何形宽松直筒连衣裙，可以作为装饰。法国设计师帕科·拉巴纳（Paco Rabanne）和库雷热、英国设计师玛丽·奎恩特等人都青睐单色调，喜欢塑造具有巨大冲击力和戏剧性外观的作品，这些作品在时装界流行多年。

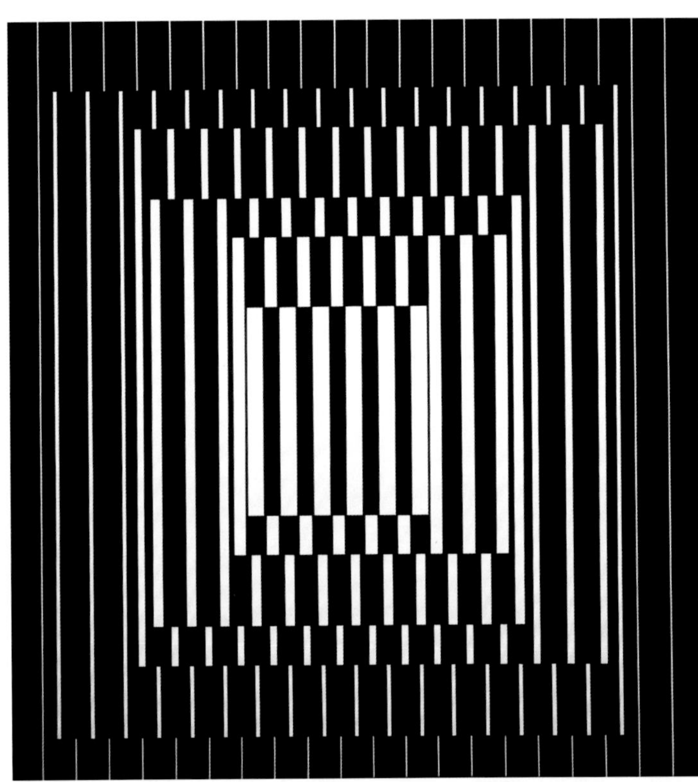

过去几年中，从波普艺术中寻求灵感的设计师主要有吉尔·桑达（Jil Sander）的拉夫·西蒙、安娜·苏、马修·威廉姆森（Matthew Williamsan）以及加勒斯·普（Gareth Pugh）。

20世纪中期，一位荷兰平面艺术家M.C.埃舍尔（M.C.Escher）研究了波普艺术和视错法的共性。他所绘制出的建筑作品天马行空，非常经典，建筑拥有无止尽的楼梯，在现实生活中根本无法建成，这也成为他作品的标志。亚历山大·麦昆从埃舍尔的作品中汲取灵感，为2009年秋冬系列作品设计出印花图案，其中的马铃薯图案逐渐演变成具有埃舍尔风格的鸟的形象。

66 页上图：维克托·瓦萨雷里（Victor Vasarely）的宝来（Bora）III
66 页下图：来自伦敦威斯敏斯特大学安瑞·特卜（Aaron Tubb）的素描本中关于欧普艺术灵感来源的调研材料
右图：加勒斯·普春夏系列，灵感来源于欧普艺术
左图：灵感来源于欧普艺术的早期复古服饰

MOUNTAIN
MOUNTAIN

制服

下图：马克·雅克布以制服为灵感，为路易·威登设计的2010年春夏系列

最初，上层阶级在战场上通过徽章来彰显他们的阶级地位。随着盔甲的消失，在战场上如何识别对方是朋友还是敌人成为了问题。这严重影响了17世纪的英国内战，因为当议会和国王派军队上战场时，他们基本上无法辨识自己的军队；当军队引进制服后，军队被编制成团，每个陆军上校负责为自己的士兵配备服装和装备。制服外套上的宽卷边袖口可以采用不同的颜色，因此军团可以通过颜色来辨别。奥利弗·克伦威尔（Oliver Cromwe）的新时代军队首先穿上了军团制服，军队的步兵统一穿着红色外套。当新时代军队解散后，成立了英国军队，但后来一直都保留了军队制服。

从此以后，制服不再只具有功能性，它同时具有标志性和装饰性，所有制服上的元素都为服装设计师提供了丰富的服装设计研究资源。无论是拿破仑时期军队制服中的深红色夹克、羽毛饰物和华丽的金色编织物，还是具有功能性、拥有多个口袋、多行缝线的飞行服，亦或是一枚勋章上的色彩，都能让设计师们展开丰富的想象，完成其设计。

68页上图：来自伦敦威斯敏斯特大学的爱玛·莱恩（Emma Lines）以制服为灵感，制作的设计板

68页下左图：军用围巾上展示的是第二次世界大战中的部分徽章图像，一名退伍兵将它们缝在围巾上以作留念。徽章数量及种类繁多，一直深受收藏者喜爱

68页下右图：纽约维西哥卡（Wcaga）复古商店内部一角，展示了一些复古军装

本页图：（从左上顺时针方向）渡边淳弥 2010 年秋冬系列作品——以制服为灵感而设计的外套；第一次世界大战时穿着制服的士兵；1944 年 5 月，在意大利的一个美国军人正将烘烤过的豆子放到平底锅中；第二次世界大战时期的野战短外套

71 页图：由伦敦威斯敏斯特大学的瑞秋·拉希加（Rachel Raheja）制作的灵感板

军装

18世纪，随着英国的步枪兵开始穿着绿灰两色的军装，色彩鲜艳、在战场上能够立马被识别的传统军装首次得以改变。到了1845年，黄褐色已被在印度的英国军队广泛采用，“黄褐色（Khaki）”这一词来源于印度斯坦语和乌尔都语中“灰尘（Dusty）”一词。到了1902年，在美国和英国，大红色的外套除了正式场合可以穿着外，其他场合一律禁止穿着。1908年，俄罗斯也紧跟着禁止士兵穿着红色军装；1909年，意大利开始采用灰绿色军装，下一年，德国开始采用灰色军装。

第一次世界大战中，一些国家依然穿着具有民族色彩的军装作战，例如，法国军队的士兵穿着蓝色外套和红色裤子，但是这一穿着迅速被禁止，取而代之的是蓝色军装，随后其他国家也开始采用不同的灰色、蓝色和墨绿色作为军装的颜色。

从千沟万壑的索姆河到尘土飞扬的中东沙漠，人们对地形进行着探讨。在某些特定情况下，地形决定着军装的色彩，使军装隐蔽或者具有可辨识性。

在20世纪晚期，士兵眼中的一些非常直观明显的军事任务，比如使用武器、野外训练以及在道路上或道路外有效驾驶军用车辆，对其他人来说没有什么意义，但是对于士兵而言，都是使他们变得英勇的重要元素。一个士兵要做到让人信服，就要有一个正确的形象，他的军服和装备必须配备恰当，并且严格遵从军队的规定。这些绝不是为了功利的目的。我多次看见军裤前后的烫迹线，它们的作用是使军裤看起来平整。在欧洲寒冷的冬季里，我还经常看见军装上采用轻便的棉质丛林擦汗布做围巾，显示了穿着者具有野战经验。我曾一度看见士兵去买装备和小配件，那是因为他们认为这些比发放的更好，不用管他们是否使用这些装备。也有一些并不彰显军事特征和技术的方面，比如说点一支烟，在疾风骤雨中点火，在野外保持个人装备的干燥，做美味的军队用餐，彻夜举杯畅饮，或者吸引女人。所有的这些都构成一个丰富的混合体，结合了手艺、艺术、技术、经验、知识，还有男性的理念，这些都是定义是否是一个“士兵”的元素。

右图：红外套，绿军装：1700～2000年英国军队的持续性变化，查尔斯·柯克（Charles Kirke），2009年

下左图：来自威斯敏斯特大学的罗拉·周（Rora Chow）的概念板

上右图：仪式中的女王护卫兵穿着的传统的红色和金色制服

下右图：乐手穿着的复古制服

礼仪制服

如今，在世界各地仍然有各种琳琅满目的礼仪制服，这些礼仪制服代表了一段历史的传统和仪式。对于穿着者来说，它们可能是警察、海军陆战队队员、农民、水手、预言家或乐手的制服，每件制服都有自己独特的装饰与色彩，对穿着者而言具有重要意义。在某一个人看来一顶非常难看的帽子，对于另一个人来说可能就代表一段神圣的历史。

左图: 约翰·加利亚诺 2009 年春夏系列中，展示的第一套服装是红色套装，搭配有以熊皮为灵感的斯黛芬·琼斯帽子

上右图: 在汉德＆洛克的传令官的制服（见第 32 页～第 33 页）

下右图: 复古制服

上左图：伦敦威斯敏斯特大学的阿曼达·斯瓦特（Amanda Svart）的灵感来源板

下左图：思琳（Céline）的设计师菲比·菲罗（Phoebe Philo）创作的衬衣式连衣裙，以热带制服为灵感

上右图：20 世纪 60 年代伊夫·圣·洛朗独创的游猎夹克，收藏在伦敦金斯顿大学博耐登系列中

下右图：美国军队古董衬衣

热带制服

就像大多数制服一样，热带制服在需要的时候诞生了，主要在热带或沙漠地区作战时穿着。热带制服采用沙的颜色并具有功能性，有大口袋和裤腰带，且多用短裤代替长裤，最初的热带制服还包括头盔，用来防止太阳暴晒。

伊夫·圣·洛朗一直对时代思潮十分敏感，1966年他为女性设计出第一款带裤的西服套装，这套服装在女权运动开展的轰轰烈烈之时凸显了女性力量；20世纪初期的时装领域，解除胸衣的束缚标志着女性解放的开始。1967年，伊夫·圣·洛朗在其“非洲（African）”的服装系列中加入了军事元素的细节，其灵感来源于热带制服，其中包括立体口袋、金属圈装饰和拼接。他采用沙漠和丛林中的柔和色调——米色、茶色、卡其色，并配以塞姆布朗的腰带装饰、D型环和草帽。这是时装设计师首次从主流时尚之外汲取灵感和设计细节，并将其巧妙地融入自己的设计中，这相当具有革命性。狩猎装作为一种时尚形式诞生了，也被其他设计师借鉴了多年。

自从伊夫·圣·洛朗首次将以热带制服为灵感的时装引入T台，它的意义就超越了制服本身所具有的军事内涵，而更多体现的是一种放松的热带优雅韵味。这种服装的外形已被设计师们不断创新并且成功地运用到设计中，如思琳的设计师菲比·菲罗（Phoebe Philo），她在2010年春夏系列中设计了优雅简洁的外套，搭配肩章、立体袋、搭襻，既大方又不失细节。

上图：沙漠之战：正在准备与伊拉克军队作战的美英军队

迷彩服

“迷彩”一词来源于法语单词 *camouflet*，指的是烟雾吹入眼睛后导致人们失明或晕头转向。迷彩的第一次军事应用是在 20 世纪早期，以绘制或印刷的形式出现，在技术上采用了颠覆性的图案材料（DPM）。1914 年法国肖像画家吕西安·维克多·斯堪沃拉（Lucien-Victor de scevola）在法国东部为炮兵服务，他是首位对大炮进行伪装的艺术家，接着许多法国艺术家包括梅凯·拜恩（Marcl Bain），让·路易斯·福兰（Jean louis Forain）和艾比尔·塔其尔（Abel Trucher）纷纷对其效仿。在斯堪沃拉的带领下，一个特殊的伪装部门成立了，其成员包括多名艺术家和上百名公民。

一年后，英国也开始对其进行效仿，到了 1916 年，所罗门·J（Solomon J）。成立了一个迷彩部门。所罗门是一名多产的艺术家和插画家，是伪装技术的核心倡导者。1918 年，英国首次生产迷彩服——狙击手服装和锅炉式服装。

毋庸置疑，艺术家在迷彩服的发展中占有核心地位，其设计风格也因此由印象主义转向立体主义，即使这种功能性的军事技术受限于变幻莫测的设计和时尚。

术语“目眩（Dazzle）”在第一次世界大战中已被用于某些类型的迷彩设计，将其用于船舶上更多是为了误导敌人而不是隐藏。战后几年，这一术语在英国社会中重新出现。1919 年 3 月，英国伦敦切尔西艺术俱乐部在皇家阿尔伯特音乐厅举办了一场迷彩舞会，派对上的人们穿着迷彩服饰，在涂绘像炸弹一样花纹的气球下跳舞。作为时尚服饰的迷彩服，这是第一次文字记载。

随着 1939 年第二次世界大战的爆发，英国的超现实主义艺术家罗兰·彭罗斯（Roland Penrose）编写了一部《国民警卫队伪装手册》（*The Home Guard Manual of Camouflage*），内容涉及军队迷彩服的发展以及训练中心，这意味着当代艺术又一次在迷彩的发展中发挥了重要作用。

到了 1961 年，迷彩服被素色套装所取代，这不仅因为西方抛弃了战争年代的战斗装备服，而且还因为生产问题——面料印花变得越来越困难。然而，到了 20 世纪 60 年代迷彩艺术又出现了，到了 1972 年则变成了通用的军事技术。

美国的“巧克力屑”沙漠迷彩服于 20 世纪

70年代初期得以发展，并且在1991年的海湾战争中得以应用，之后停产。2003年，在美国入侵伊拉克的军队中，它又重新出现了。

远离战争这一舞台之后，迷彩服在20世纪70年代被反战示威者采用，其中包括越南战争中的老兵，它很快成为反战示威的一个有力的象征。

1986年，安迪·沃霍尔在纽约设计了一个新的印花系列，他将USM81迷彩中的色彩进行了重组，使其变成明亮、具有波普艺术风格的色彩，在接下来的几年里，这些色彩都被设计师斯蒂芬·斯普劳斯（Stephen Sprouse）运用到自己的时装系列中。

大约在同一时期，迷彩风格也出现在街头时尚中，而这一流行趋势并非来自T台，而是来自街头。迷彩服不仅具有很大的优势，还具有功能性和功利性。在街头时尚中，流行的迷彩服款式是英国DPM（British DPM）、美国的巧克力屑（American desert chocolate chip）和林地迷彩（Woodland），还有瑞士的红色身体迷彩（Swiss red Leibermuster）。

时装界不断轮回，设计师们如今从街头寻找灵感，他们发现了将迷彩在T台上进行展示的方式。范思哲、保罗·史密斯、山本耀司、让·保罗·高缇耶、渡边淳弥、克里斯多夫·凯恩（Christopher Kane）、普拉达、麦昆和路易·威登，他们对迷彩风格或采用、或创新，并以自己的方式和风格进行演绎。

76页上图：法国海军陆战伞兵团的两名士兵为准备训练在互相作伪装准备

76页下图：伦敦威斯敏斯特大学的安瑞·特卜制作的迷彩服装布样

左图：渡边淳弥2010年秋冬系列中的迷彩外套

风衣

风衣的确切起源是有争议的，巴宝莉和雅格狮丹（Aquascutum）都声称这是自己的独特发明。在第一次世界大战中，风衣因为轻便灵活而替代了沉重的军大衣，历史上首次记载的风衣设计是巴宝莉品牌于 1901 年向英国战争办公室提交的。对于英国军队来说，这是不错的选择，并且只有高级军人才能穿。这种外套配有 D 环和带子，可以附带肩章、挂链和其他徽章，腰带上的环状圈可以用来固定地图和剑。

“风衣”一词是由前线部队发明的术语，他们中的许多人在战后将自己的外套带回了家，这些外套后来成为了民用服装，并且穿着这些外套成为一种时尚。雅格狮丹和巴宝莉都生产男女防水风衣，在美国，《时尚芭莎》杂志（*Harper's Bazaar*）早在 1918 年就在国内外宣传这类女式防水风衣。

大多数国家的军队都生产用于湿冷天气的外套，在第二次世界大战中，指挥官仍然穿着这些外套，只是因战时的发展需要将这些外套改变成短夹克，像英国的丹尼森（Denison）和美国军队的田地外套，它们都为穿着者带来了更大的活动空间。

军用防水短风衣具有经典的双排扣、插肩袖、肩章和 D 环带，并且通常是卡其色、米色或者黑色，其款式变化不大。

风衣的起源赋予穿着者一定的权威感，人们在电影和小说中常常能看到穿着风衣的人士，漫画英雄狄克・崔西（Dick Tracy）和电影《卡萨布兰卡》（*Casablanca*）中的鲍嘉（Bogart），其穿着风衣的形象不可置疑地散发出一种冷酷感。

随着 20 世纪 90 年代传统品牌巴宝莉和雅格狮丹的复兴，风衣又走在时尚的前沿，对真正的经典之作的再设计及创新将永无止境。

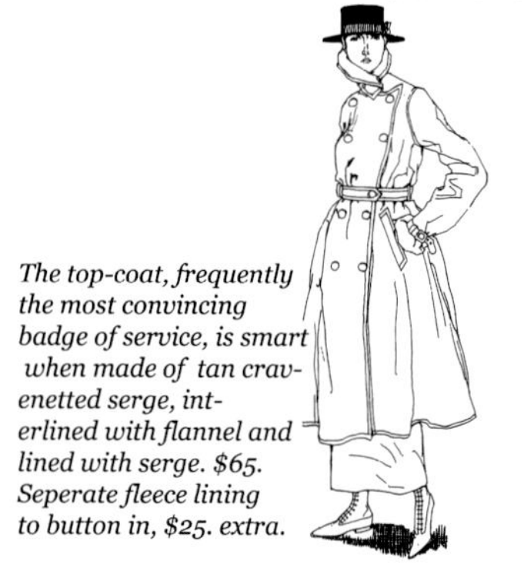

左图：销售架上的传统古董风衣

右图：1918 年《时尚芭莎》的女士风衣广告

79 页图：克里斯多夫・贝利（Christopher Bailey）设计的 2009 年巴宝莉秋冬系列经典风衣

传统

如今，许多服装品牌都立足于传统，人们能够实实在在地感觉到这种传统。不同的品牌关注不同的传统，它们可能是民族的、历史的、某种生活方式或者是某一项运动，它们能唤起人们对某一特定时代或某一特定场所的回忆、怀旧情绪以及对品质或美好时代的向往。品牌的精神内涵十分丰富，它可以灵活改变以适应不断变化的流行趋势。它可以整整影响一个国家，甚至可以跨越一个世纪，同时保持其独特性。它们可能代表了青春的朝气、奢华、健康或者品质。例如拉尔夫·劳伦的马球和网球选手系列作品，阿贝克隆比格子呢（Abercrombie）代表了青年的健康活跃；又如巴宝莉作品，散发出鲜明的青春气息。这些都是品牌创造出来的，但是识别度很高。怀旧的力量十分强大，曾经被人们用来描述身体健康状况，这当然不准确，但怀旧是一个很好的卖点。将这种想象力运用到广告中通常和运用到设计调研中是一样的，都是为了加强当季系列时装的视觉感受。

某些公司，如阿贝克隆比 & 费奇（Abercrombie & Fitch），会给每季服装的每一个系列起一个全新的名称，也可能在不同的时间和地点对其进行展示（以阿贝隆比格子呢为例，通常在北美举办），但是不管怎样，这些服装都仍然具有品牌的传统精神。品牌的精神，以及与品牌精神相关联的形象形成了品牌设计调研的出发点，并且品牌精神还能引发设计师关于色彩、面料、图案和纹理方面的灵感，设计所有具有类似精神的服饰都会经历这样一个流程。这些精神、形象可能来自摄影、档案、电影、广告，或者来自品牌自己的传统设计。

对于许多奢侈品品牌的设计师而言，可以回顾品牌自身的历史以寻求灵感。例如，成立于1854年的路易斯·威登，便具有相当丰富的历史资源供设计师提取。其他品牌，如雅格狮丹，已经非常成功地将传统设计运用于当今市场产品中，并以此巩固和加强了品牌特征。

设计师的民族意识可能会体现在其使用的一些特定形象或物品中，如一种标记、一种织物、一种民族传统物品，例如，维维安·韦斯特伍德的格子花呢、拉尔夫·劳伦的星条旗、高缇耶的法国海员条纹布。

巴宝莉品牌由21岁的托马斯·巴宝莉（Thomas Burberry）于1856年创立，在这之前他是一名服装学徒。当年，他在英国汉普郡（Hampshire）的贝辛斯托克（Basing Stoke）镇开设店铺并创立巴宝莉品牌。到1870年，巴宝莉凭借其户外服装的发展稳固了自身品牌市场。1880年，巴宝莉引进华达呢服装，华达呢是一种耐穿、防水、透气的面料。1891年，巴宝莉在伦敦的干草市场开设第一家专卖店，这家店至今仍存在。

巴宝莉如今的标志由骑在马背上的骑士和单词“Prorsum”共同构成，Prorsum为“向前”的拉丁语，这一标志于1901年首次注册为商标。如今，Prorsum成为成衣系列的代名词，巴宝莉品牌成为户外服装的代名词，现在户外服装一些部位仍然延续了巴宝莉一贯的设计外观。1911年，巴宝莉曾经是萝拉·阿蒙森（Roald Amundsen）南极探险队的供应商；1914年，又为欧内斯特·沙克尔顿（Ernest Schackleton）的南极探险队提供相关物资。1924年，英国登山员乔治·马洛里（George Mallory）穿着巴宝莉华达呢夹克，艰难地挑战了珠穆朗玛峰。

THE STARS AND STRIPES: FRANCE, FRIDAY, MARCH 15, 1918

BURBERRYS
Military Outfitters
8 Boulevard Malesherbes, PARIS
SUPPLY
AMERICAN OFFICERS
Direct—or through their AGENTS behind the lines with every necessary Article of War Equipment.
TRENCH WARMS
TUNICS & BREECHES
OVERCOATS
IMPERMEABLES
TRENCH CAPS
SAM BROWNE BELTS
INSIGNIA etc., etc.
BEST QUALITY at REASONABLE PRICES.
AGENTS IN FRANCE Holding Stocks of Burberry Goods.

2009年，巴宝莉首席执行官克里斯多夫·贝利与《威斯敏斯特时尚》杂志的记者塞利·贝恩（Sally Bain）会面，贝恩提问：“什么是巴宝莉品牌中恒定不变的、不随每季潮流变化的东西？”克里斯多夫·贝利回答到：“用粗呢做成的外套、我们独特的标志性外套、水手短外套、渔夫厚呢上衣、长风衣以及英国风格，对我而言，巴宝莉代表的是英国人的时尚与传统，152年独一无二的历史。”

80页图：路易斯·威登商店的橱窗里摆放着该品牌的奢侈品箱包

左图：早期英国奢侈品牌巴伯尔（Barbour）的广告画

右图：早期巴宝莉防雨风衣的广告画

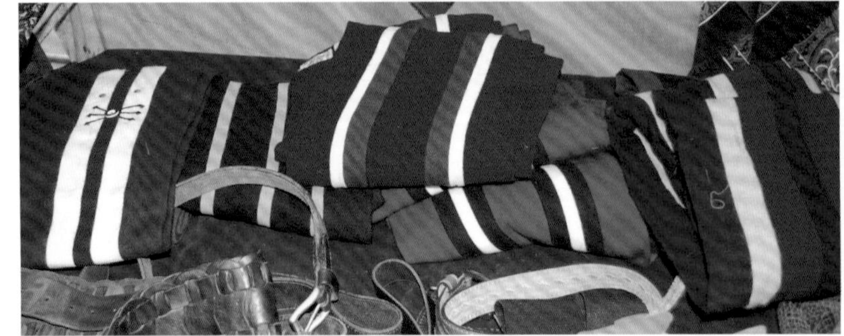

上图：1894 年，皇家军事学院的板球运动员，穿着漂亮的条纹图案西装外套

下图：怀旧、学院风格的条纹围巾和多色帽子

在一些十分古老的传统服装以及与之相关联的品牌中，设计师能够从中找到设计的灵感来源。这里，围巾的条纹和男学生颜色鲜明的运动上衣都是很好的例子。

校服和大学的色彩为时装设计师和面料设计师设计色彩和条纹提供了很好的参考。在俱乐部的西装外套、草帽帽带和学院风格的围巾里，常见一些混合色彩，为设计师提供了不错的灵感，这就像这个城市里漫长的夏日中的梦幻尖塔、帆船赛和康河（River Cam）上的撑船一样，令人回味。

巴黎世家（Balenciaga）2007 年秋冬系列中，以校服为灵感设计的条纹西服

塞维尔街（Savile Row）

塞维尔街，坐落在伦敦西区的摄政（Regent）街北部，是绅士们进行量身定制的传统场地和精神家园；塞维尔街于18世纪30年代开始营业，据说“定制”这一术语就起源于此。

塞维尔街宣称，在其悠久的历史中，王室成员、电影明星和印度君侯都曾是其客户，它作为“全球顶级手工定制地”而闻名，人们有时认为这并不可信，如今看来，塞维尔街再一次证实它在服装界的地位。

塞维尔街也常常吸引好莱坞的明星们光顾。20世纪20年代，影视偶像鲁道夫·瓦伦蒂诺（Rudolph Valentino）、玛琳·黛德丽（Marlene Dietrich）和衣冠楚楚的诺埃尔·考沃德（Noël Coward），都曾穿着安德森（Anderson）与谢泼德（Sheppard）所设计的高级定制。之后，电影大亨路易斯·B. 梅尔（Louis B.Meyer）同爱德华·G. 罗宾逊（Edward G.Robinson）、雷克斯·哈里森（Rex Harrison）、大卫·尼文（David Niven）、弗兰克·辛纳屈（Frank Sinatra）一样，选中乔高（Kilgour）、法兰奇（French）和斯坦伯里（Stanbury）作为其设计师。1959年，乔高为加利·格兰特（Gary Grant）制作了他在阿尔弗雷德·希区柯克（Alfred Hitchcock）的影片《西北偏北》（*North by Northwest*）中的服装，随后，又在黑帮电影《偷天换日》（*The Italian Job*）中为迈克尔·凯恩（Michael Caine）设计服装。

1969年，汤米·纳特（Tommy Nutter）和爱德华·塞克斯顿（Edward Sexton）在塞维尔街开设第一家服装店——塞维尔街疯狂的人，这家店为整条街带来了一股新风尚，汤米·纳特也因此闻名。伴随着明星们的光顾，加上敞开的橱窗展示，这家店悄悄掀起一场时尚革命。在与塞克斯顿分开之后，纳特随后又回到塞维尔街19号，在那里继续为富有阶层和名人提供高级定制服务，鞋履设计师莫罗·伯拉尼克（Manolo Blahnik）和音乐家艾尔顿·约翰（Elton John）等人纷纷光顾，而纳特乐此不疲。他还为杰克·尼科尔森（Jack Nicholson）在《蝙蝠侠》（1898年）中扮演的丑角设计了标志性的紫色西服，经证实，这套西服是在他1992年去世前为好莱坞设计的最后一件作品。追随着纳特的脚步，几位年轻的服装设计师来到塞维尔街，例如1992年入驻塞维尔街的理查德·詹姆斯（Richard James）和1996年的奥斯华·宝顿（Ozwald Boateng）。2003年，资历深厚的乔高任命卡罗·布兰代利（Carlo Brandelli）为公司的创意总监，以使产品更符合流行，重塑品牌形像。这些都为塞维尔街带来无限朝气与活力，促进此品牌在21世纪向前发展。2011年5月，汤米·纳特以非公开展览形式在伦敦柏孟塞的服装纺织艺术博物馆举办回顾展，他事业成功，获得了人们的认可和尊重。

测量上身：20世纪30年代，塞维尔街内的裁缝

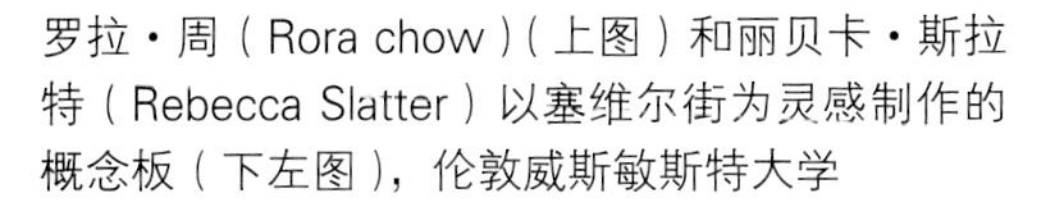

罗拉·周（Rora chow）（上图）和丽贝卡·斯拉特（Rebecca Slatter）以塞维尔街为灵感制作的概念板（下左图），伦敦威斯敏斯特大学

塞维尔街上特立独行的设计师汤米·纳特的肖像，1973 年 2 月 1 日

上图：伦敦威斯敏斯特大学的奥利维亚·迪恩（Olivia Deane）以吉卜赛人为灵感制作的概念板

下图：2006 年 6 月，波兰，罗兹（Lowicz），在科珀斯·克里斯蒂（Corpus Christi）游行中穿着传统民族服饰的人们

民族

民族服装通常反映了一个地区或一段时间的历史，是特定地点或特定时代的传统的集中表现。不论是在特殊场合还是日常生活中穿着，传统服饰通常是宗教信仰、身份或社会地位的象征，并且也有可能被视为对服装西化的强烈抵制，一些教徒和城镇居民对传统视觉符号引以为豪。世界上仍有少数地区的法律规定人们必须穿着传统服饰，例如不丹和一些阿拉伯地区。

设计师们常常被民族服饰所表现出来的传统浪漫韵味、丰富的装饰、刺绣和图案所吸引。

上左图和上右图：以民间纹样为灵感的怀旧复古时装

下左图：穿着民族服饰的俄罗斯小农妇

上中图：古奇（Gucci）2008 年秋冬系列

世界

全球各地民族服装的风格、习俗、仪式与功能，一直源源不断地给服装设计师带来灵感与启发，例如，印第安人的羽毛头饰、挪威毛衣上的民间图案及南亚伊卡（South Asian Ikat）编织物。

从历史的角度来看，有几个因素影响着设计中民族元素的运用。例如，在20世纪初期，不断进步的摄影技术、更加便利的全球旅行以及埃及地区的考古发现，极大地丰富了装饰艺术风格。随着时代的发展，如今，我们见证了互联网的发明和兴起，遥远或鲜为人知的文化变得越来越容易了解，大众媒体的发展使图片可以迅速共享。所有这些因素，已经对设计界，尤其是时装设计师，产生了深远的影响。之前，对发展中国家的调研可能仅仅基于人类学项目。这些调研是有效的，但是对各地区本土服装和用途进行调研可能会更有益、更能启发设计师的灵感。参观博物馆和旅行仍然是对这些地区的服装进行调研的最主要方法。

设计调研现在已经发展成为一种具有自己研究方式的学科，影响力可能不会像文字所描述的那样。以伊夫·圣·洛朗1967年春夏非洲主题的秀为例。

如今，一个系列的服装不是简单地只涉及一个特定的地点或者人

群，而更像是由梦幻般的多元文化所组成，来自于一些事物或地区的完全不同的印花、面料和色彩能唤起人们对某种文化的回忆与联想。在渡边淳弥2009年春夏季系列中，能看到西非蜡染纺织品印花和经典的西方牛仔面料，这些元素在德赖斯·范诺顿2010年的春夏服装秀中也同样能看到。在尼古拉·盖斯奇埃尔（Nicolas Ghesquiere）为巴黎世家所设计的2007年秋季系列中能看到富有特色的蜡染、伊卡、和服印花布及秘鲁和蒙古族图案。加利亚诺深入调研各种文化和民族风俗，他的设计风格非常独特，擅长将各种不相干的元素进行混搭。执着的日本设计师也不回避色彩艳丽的非洲图案和面料，川久保玲的品牌在2008年春夏时装发布会上采用这些元素，随后她的徒弟渡边淳弥在下一年继续采用。

88页图：在马里，穿着传统蜡染服饰的男人

左图：德赖斯·范诺顿2010年春夏系列中，以非洲蜡染布料为灵感的印花

右图：西非的蜡染面料色板

绀织［伊卡特（Ikat）］纺织品

“Ikat”一词起源于印尼语，现在在英语中用来描述制作这类服装的过程以及与其相关的服饰。虽然绀织技术在全球十分普遍，但在很多不同的地方，如危地马拉、印度和菲律宾可以看到这种技术存在差别。丝质绀织织物服装曾是 19 世纪乌兹别克斯坦最流行的服装，象征着穿着者的财富和地位。要制作这类织物，首先要对丝线单独染色，然后进行织造。纱线采用防染纱，其制作过程与扎染相似，将丝线紧紧地捆扎在一起，确定不用染色的区域。绀织图案引人注目，从中可以看到织物为机织物。

经纬绀（Double Ikat）被认为是绀织织物最重要的一种形式，其生产劳动强度大，技术要求高。印度的经纬绀十分著名，日本的经纬绀则有它自己的形式，被称为“Oshima”。

右图：一件 20 世纪 20 年代晚期的绀织长袍，来自于中非乌兹别克斯坦的布哈拉（Bukhara）或卡尔希（Karshi）

左图：一个正在工作的印尼纺织工

91 页图：古奇 2010 年春夏以扎染为灵感的裙子，巴黎世家 2007 年秋冬系列

上左图：伦敦威斯敏斯特大学的丽贝卡·尼尔森的草图本，展示了对非洲纺织品的调研

中右图：西非扎染纺织品色板

下右图：在河边摆好拍照姿势的马里家庭，他们穿着各种同西方服饰混搭的蜡染服饰

非洲纺织品

不同风格类型的机织物和大面积染色一直都是非洲大陆的服装特色，包括加纳的机织肯特（Kente）服、尼日利亚的扎染面料和马里的泥浆染布。在它们的制作过程中，其制作技术和独特的风格具有深远的涵义，也是识别部落的重要标志。蜡染是西非的特色纺织品，已经作为服装设计灵感在T台上多次出现，如渡边淳弥2009年春夏系列和德赖斯·范诺顿2010年春夏系列。

渡边淳弥2009年春夏系列中，将牛仔面料同非洲面料结合所设计出的时装

西非纺织品

川久保玲为她的2008年春夏系列设计了一种印花，印花的灵感来源于西非蜡染纺织品和手工绘制的非洲理发店标志。一般理发店外色彩明亮的绘画是由理发师本人或当地的画家或标志制作者绘制，这些标志常常挂在树下或者市场的货摊（专为非洲理发店所设置）上，这些标志表现非洲传统的理发编辫和西方（尤其是美国）发式的融合。他们通过天真的手绘图案向潜在客户展示理发及编辫的内容，而这些色彩丰富的标志内容通常会被具有这种发型风格的人物的名字所取代，如全球闻名的人物：纳尔逊·曼德拉（Nelson Mandela）、迈克·泰森（Mike Tyson）或者T先生（Mr T）。

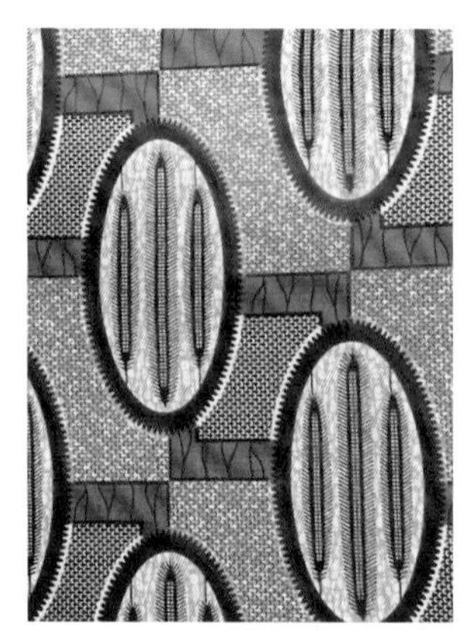

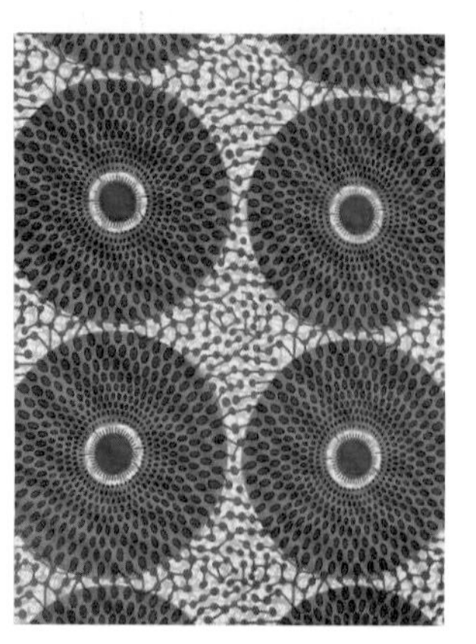

上右图：一个传统的非洲理发店的标志

下图及上左图：非洲蜡染纺织品色板

95页图：川久保玲2008年春夏系列中的印花，其灵感来源于非洲理发店的标志

喜马拉雅山脉

不丹、中国西藏和尼泊尔均属于印度和中国之间的喜马拉雅山脉的内陆国家与地区，具有丰富多样的传统服饰，追根溯源，部分是由于其地理环境所致。由于与外界缺乏交流，这些国家与地区没有像其他大多数地区一样被西化。不丹的法律规定，在户外所有的日常生活中都要穿着传统服饰。不丹的女人穿着全身长的服装或者基拉（Kira），这种服装在肩部进行固定，在腰部围绕一圈；在这件服装里面还穿着称为“toego”的长袖衬衫。男人所穿着的是“gho”，这是一种用腰带“kera”在腰部进行固定，长度到膝盖的长袍。穿着者的社会地位和等级决定其服装上的色彩和装饰。不同颜色的围巾和披巾同样是不同社会身份和地位的象征。

96 页上图：中国西藏喇嘛穿着具有丰富刺绣和佛教标志的丝绸锦缎服装，头戴黑色帽子，准备跳黑帽子舞和颂经

96 页下图：来自于喜马拉雅地区的三件传统本土服饰，上面有着错综复杂的刺绣以及装饰细节

右图：约翰·加利亚诺 2004 年秋冬系列中的藏族混搭服饰

98 页图: 约翰·加利亚诺 2004 年秋冬系列中的藏族混搭服饰

上图: 康巴藏人在一个夏天的节日上所穿着的传统服饰

下图: 传统服饰细节

上图： 穿着传统秘鲁服饰、背着小孩的现代妇女

下左图： 由爱德华·卡彭特（Edward Carpenter）拍摄的佐拉·库克（Chala Cook）（1900～1923年），展示了一位穿着传统裙装的年轻秘鲁妇女

下右图： 20 世纪 50 年代的传统秘鲁裙装

秘鲁

秘鲁是印加文明的发源地，坐落于南美洲的太平洋海岸。印加地区曾于16世纪被西班牙征服，导致了多元化的碰撞与融合，因此这个国家有着多种多样的艺术融合物，例如服饰和文学。在克里斯汀·迪奥于巴黎展出的2005年秋冬高级女装秀上，约翰·加利亚诺展示了一些以秘鲁艺术为灵感来源的服装。

上左图：穿着传统秘鲁裙装的妇女

上右图：约翰·加利亚诺为克里斯汀·迪奥2005年的高级定制时装秀设计的服装，有着浪漫的秘鲁裙装和头饰

建筑与时尚

时尚，作为一门设计学科，正同建筑一样以多种方式向前发展，新的材料和构建方法不断涌现和被采用，而在这两个学科之间，主题和理念常常是相通的。在建筑和时尚领域，出现了新的构造方法，也带来了新的廓型和形式的创新，而技术推动着时尚向前不断发展。在过去的30年里，时装设计和建筑设计都在现代主义的转变中完成了解构和重新探索，在1980年早期，川久保玲便在其品牌服装上采用了解构的手法，随后的几年里，解构主义成为了专业术语并在建筑领域得以运用，在弗兰克·盖里（Frank Gehry）和丹尼尔·李伯斯金（Daniel Libeskind）的建筑作品上体现得尤为突出。

上图：由里昂（Lyons）的建筑师设计的约翰（John Curtain）学校，位于澳大利亚的堪培拉（Canberra）

下图：尼尔·巴雷特（Neil Barrett）的东京旗舰店一楼货架，由建筑师扎哈·哈迪德（Zaha Hadid）设计

103页图：维果 & 罗夫2003年秋冬系列

伦敦中央圣马丁艺术与设计学院的威利·沃特斯曾谈到如何使一个学生产生灵感，“可以通过对现代主义野兽派建筑的调查研究，对它的形状、灰色泥浆线以及被损坏的白色外形产生兴趣。所有传统和现代的建筑风格，对设计师或学生而言都是丰富的灵感来源，不论是高耸的、具有自然主义形式和精致窗饰的哥特式教堂，还是不丹的流线型混泥土板、金属框架和原色的楼群。”

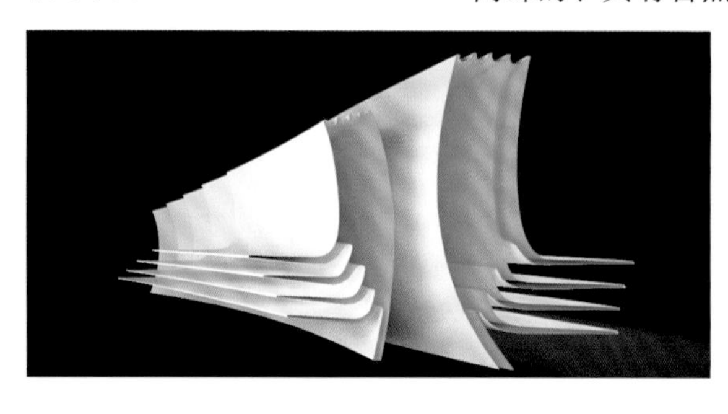

卡文·克莱恩（Calvin klein）的弗朗西斯科·科斯塔（Francisco Costa）、侯塞因·卡拉扬、玛利亚·柯丽佳以及吉尔·桑达的拉夫·西蒙都是将现代建筑作为主要灵感的现代服装设计师，建筑这一学科同这些服装设计师的极简主义美学融合得恰到好处。

建筑：设计案例调研

Ju Yeou Hong 在纽约帕森斯设计学院 MFA 学习，攻读设计艺术学硕士学位，她设计的灵感来源于纽约的建筑，如本页这些图片所示，她写道：

“调研的灵感来源于文艺复兴早期的艺术家和建筑家创作的透视图和发明物。我想通过对纽约的天际线、桥梁、房屋和街道的学习，尝试将建筑的形式转变为三维缝纫的形式。我能够在建筑图里找到一些线条形式，我将这些外形和线条利用折纸工艺进行再创造，而后变成人体能穿着的服装，在这些服装上我开始整合线条，并且试验将多种线条组成缝纫的形式。”

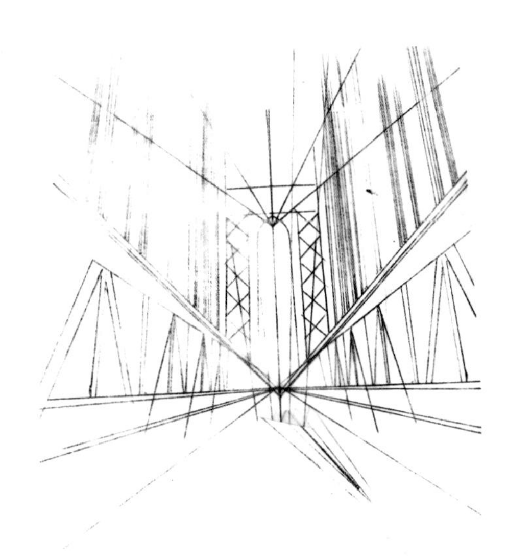

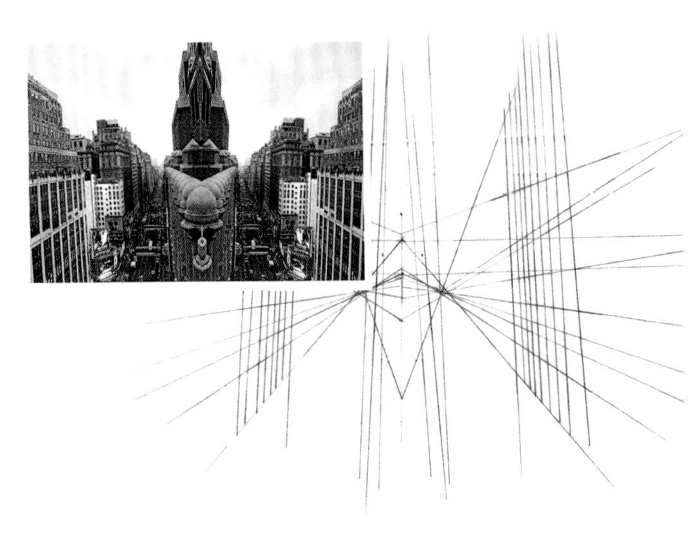

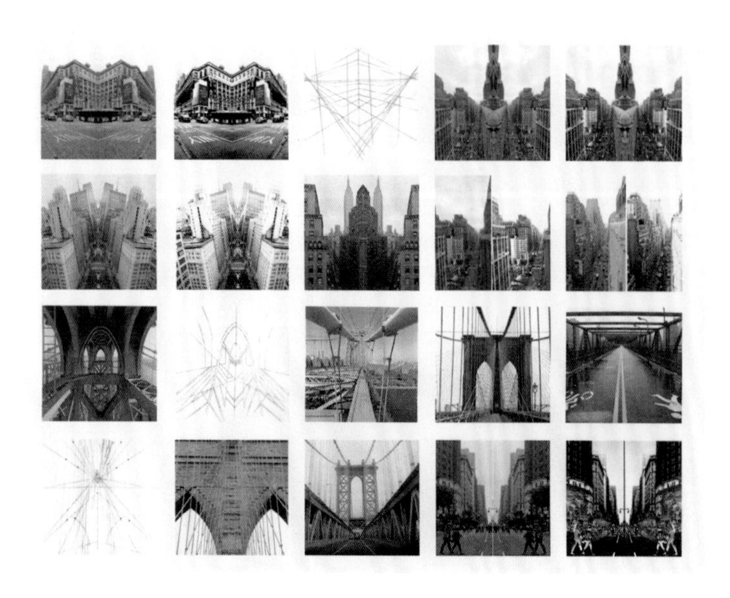

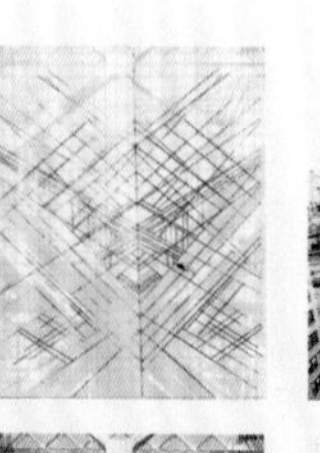

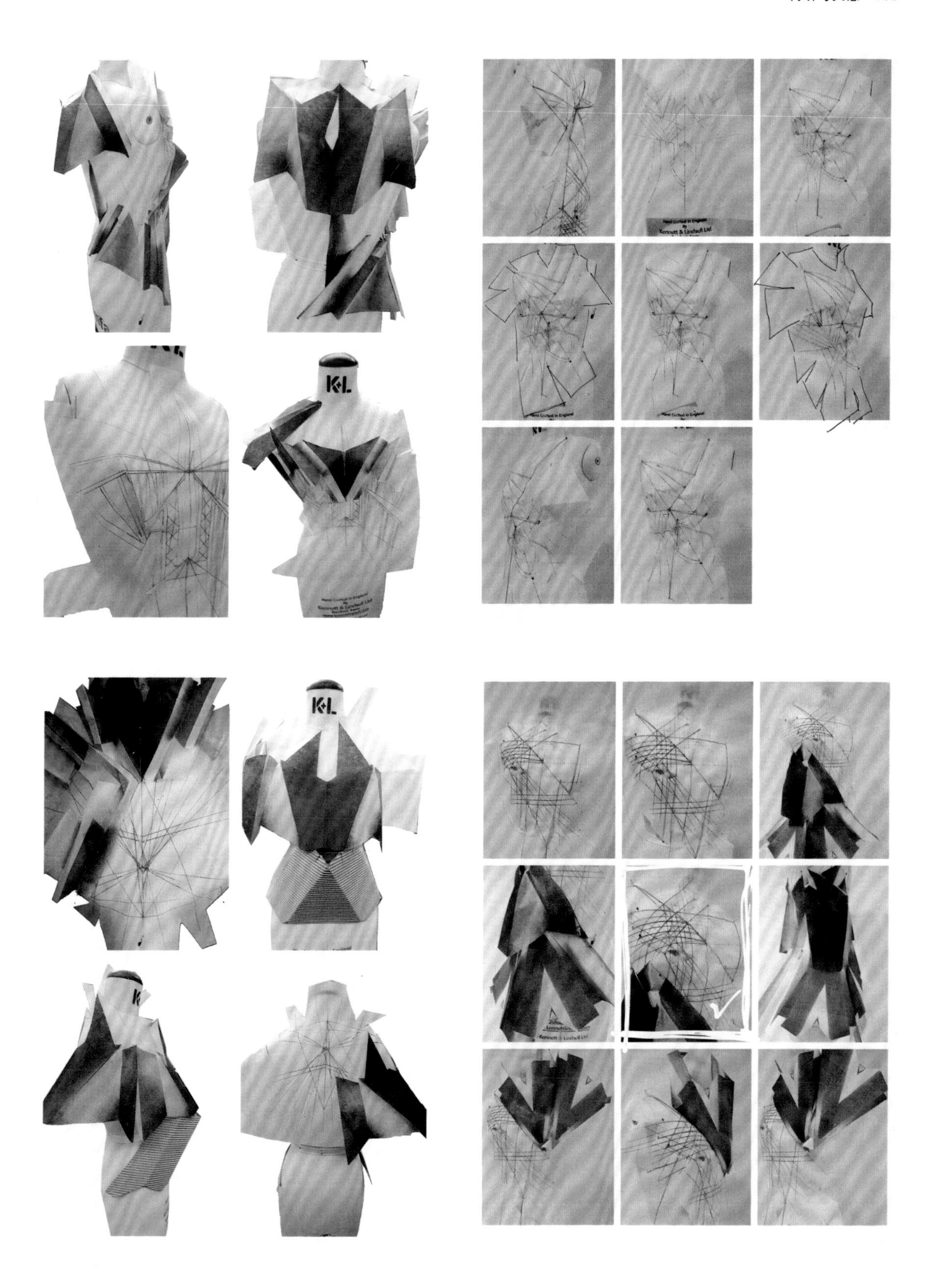
K+L

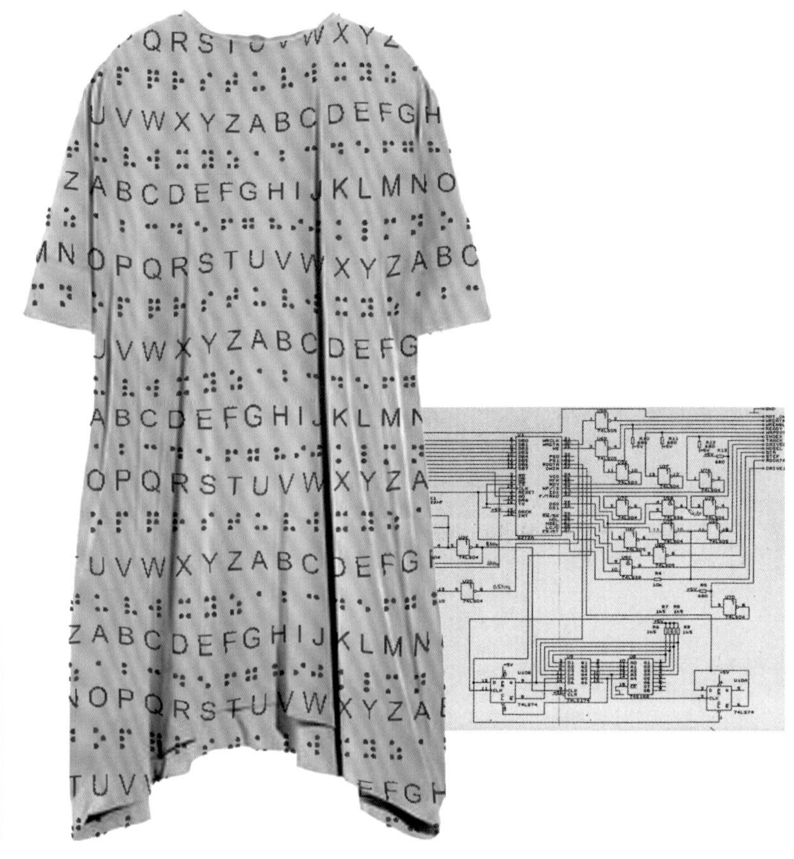

```
void reverseList(node *&head)
{
  if((head == NULL)||
    ((head)->ext==NULL))
    return;

  node* top  = head;
  node* tail = NULL;
  node* curr = head;
  node* temp = NULL;

  while(curr!=NULL)
    {
        temp = curr->next;
        curr->next = curr->previous;
        curr->previous = temp;

        if(temp == NULL)
        {
           tail = curr;
        }

        curr = temp;
    }

    // now we swap the head and tail
    temp = head;
    head = tail;
    tail = temp;
}
```

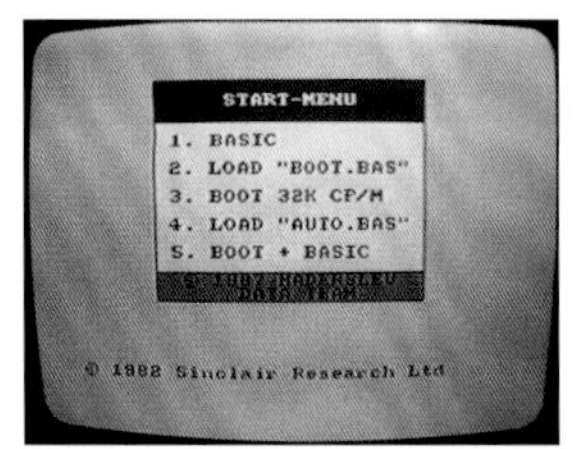

自然与科学

无论是相似物还是数字，自然与科学的主题一直持续不断地为当今设计师带来灵感，这些灵感以不同的方式出现，如印花、廓型、色彩以及概念。

亚历山大·麦昆 2010 年春夏系列“柏拉图的亚特兰蒂斯（Plato’s Atlantis）”是以时装为媒介，将科技与自然相结合的杰作——这源于对“世界会毁灭的世界末日预言”的压力释放。这些服装是量身定制的并且极具造型感，服装上装饰有大量计算机合成的数码印花，这些印花让人联想起爬行动物、闪亮的鱼鳞以及五彩斑斓的昆虫色彩。这场秀通过网络进行现场直播，庞大的摄像机对准 T 台进行拍摄，同时在 T 台的大银幕上放映由尼克·奈特（Nick Knight）拍摄的电影——裸体的拉奎尔·齐默曼（Raquel Zimmermann）与蜿蜒盘绕在她身上的蛇。

上左图和上右图：从计算机上获得的灵感图片

上中图：这是理查·尼考尔（Richard Nicoll）专为时尚资讯信息平台设计的印有计算机图案的连衣裙

上左图：马克·纽森（Marc Newson）为G-星星（G-star）设计的印有卫星图案的夹克

上右图：夜晚的天空

下图：亚历山大·麦昆2010年春夏系列中的数码影像系列

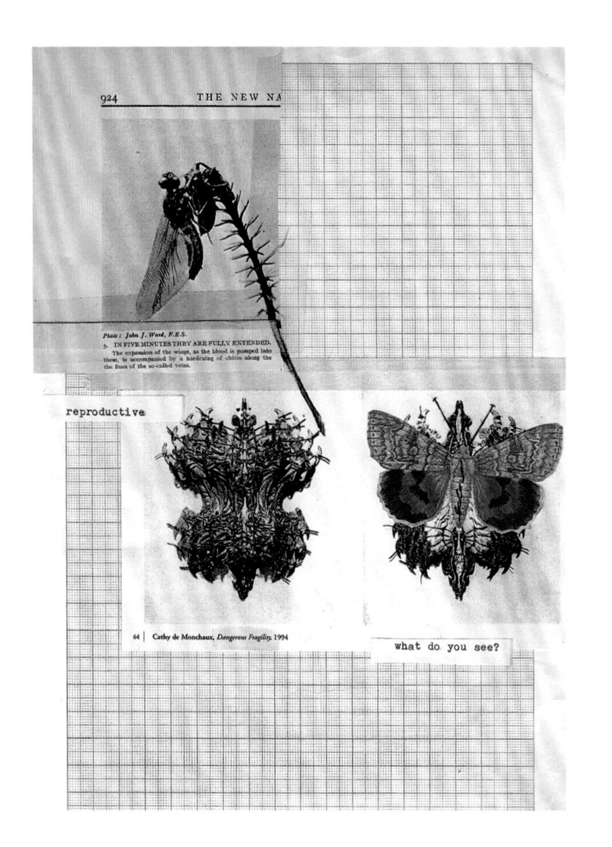

上左图及下图：这是以昆虫为灵感的概念板，由中央圣马丁艺术与设计学院的特瑞西·王（Tracey Wong）和伦敦金斯顿大学的哈里特·德·洛玻（Harriet De Roeper）制作

上右图：南美的绿色甲虫

109 页图：（从左至右）普罗恩萨·施罗（Prozenza Schouler）2010 年春夏系列中以昆虫为灵感的印花和面料；范思哲 2010 年春夏系列以及亚历山大·麦昆 2010 年春夏系列

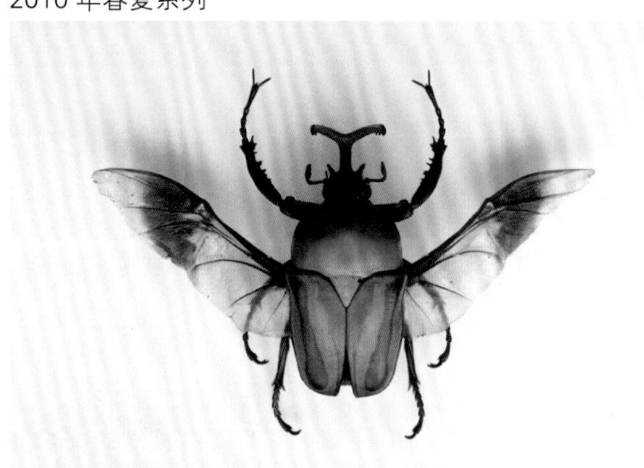

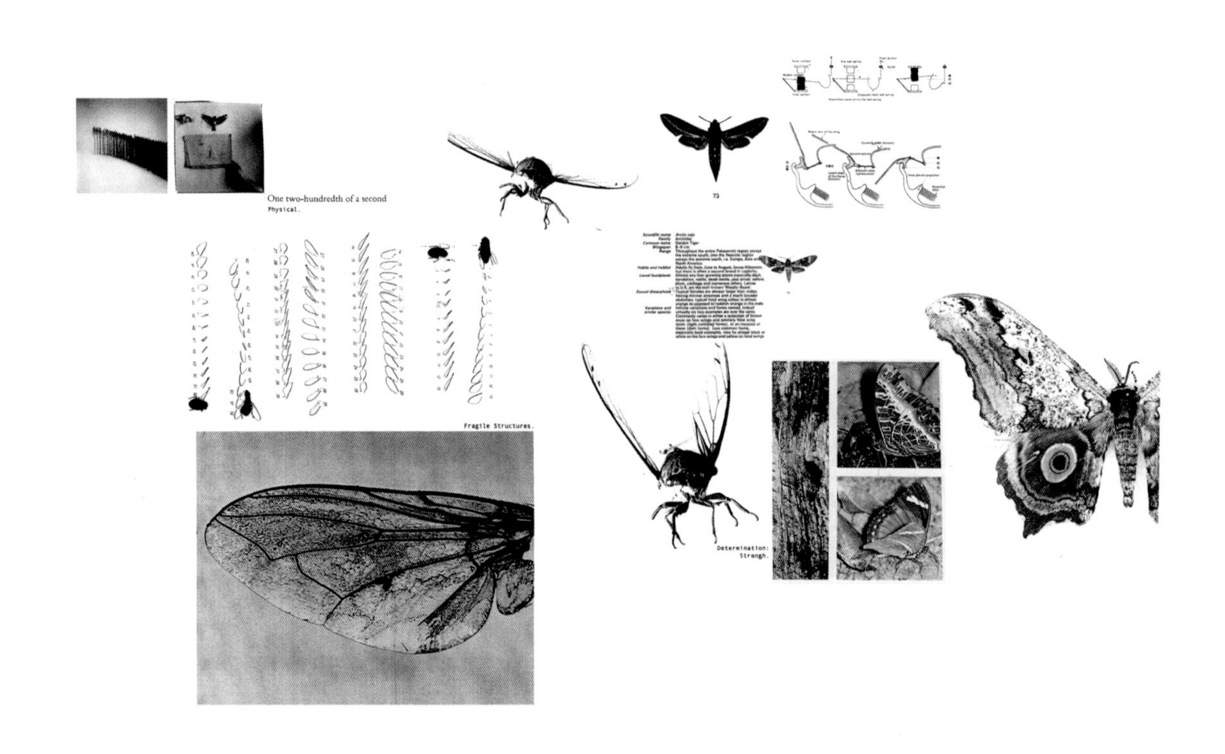

自然

自然和对自然形态的描述，可以给设计师带来很多灵感。对设计师而言，贝壳的形状和构成、昆虫的翅膀、叶子的轮廓、纹理和色彩都能成为灵感来源。在这里所展现的一系列图片仅仅体现了一个调研主题，那就是飞行中的昆虫，设计师可能仅仅只是随意选择了森林地表或者深海海床。亚历山大·麦昆在全球气候变化和大规模工业环境下探索自然世界的自然着色，并以此为基础设计了2009年春夏系列“多样化的大自然，非自然的选择（Nature Dis-tinction，Un-natural Selection）”，并且在下一季的春夏系列中重新以自然为主题设计了“柏拉图的亚特兰蒂斯（Plato’s Atlantis）”系列（见第106页～第107页）。

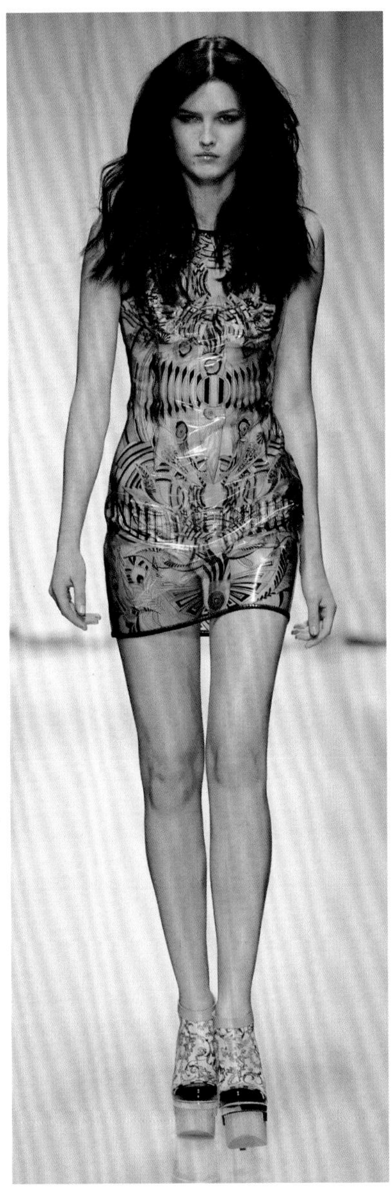

科学

海伦·斯托里（Helen Storey）是将科学和时装相融合的前沿设计师，接下来的几页里我们会讨论她的“仙境（Wonderland）”设计。斯托里也关注、调研其他科学项目。例如，她和她的合作者已经找到一种驾驭光催化剂的方法：当人们走路的时候，可以利用光敏物质逐步清洁周围的空气。可以把光敏物质添入织物柔软剂中，衣服就能变得与环境相融合。斯托里说：“我们认为，我们也许会穿着一件全球通用的制服，所以我们将对牛仔裤进行升级设计。”

服装设计师越来越多地把目光投入科学和技术领域以寻找灵感。这些灵感可能会激发设计师的创造性，促使其不断探索新事物；也可能带来商业上的应用，如应用许多新型纤维和织物。灵感可能完全是视觉性的，如这里所展现的系列图像以及各种调研资源。

这些页面里的一系列图像，都围绕着黑白色线条来展开。这些图像由常见的视觉线条连接而成，加强了视觉效果，极具视觉冲击力，同时也强化了原有的灵感来源，因此更利于观众进行辨别和相关联系。

“我们的最终目标就是将光敏物质带入人们的洗衣房，这样每个人在洗衣服时就能净化空气，我认为这对呼吸健康将有好处，目前，儿童哮喘十分严重，为此英国每年要花费 8 亿美元在治疗呼吸系统疾病上。”

——海伦·斯托里

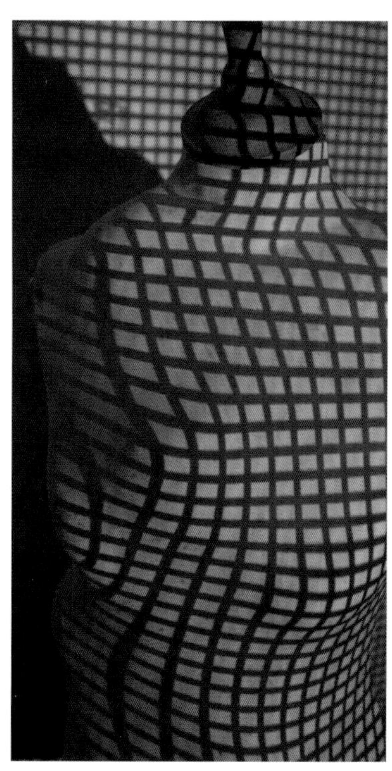

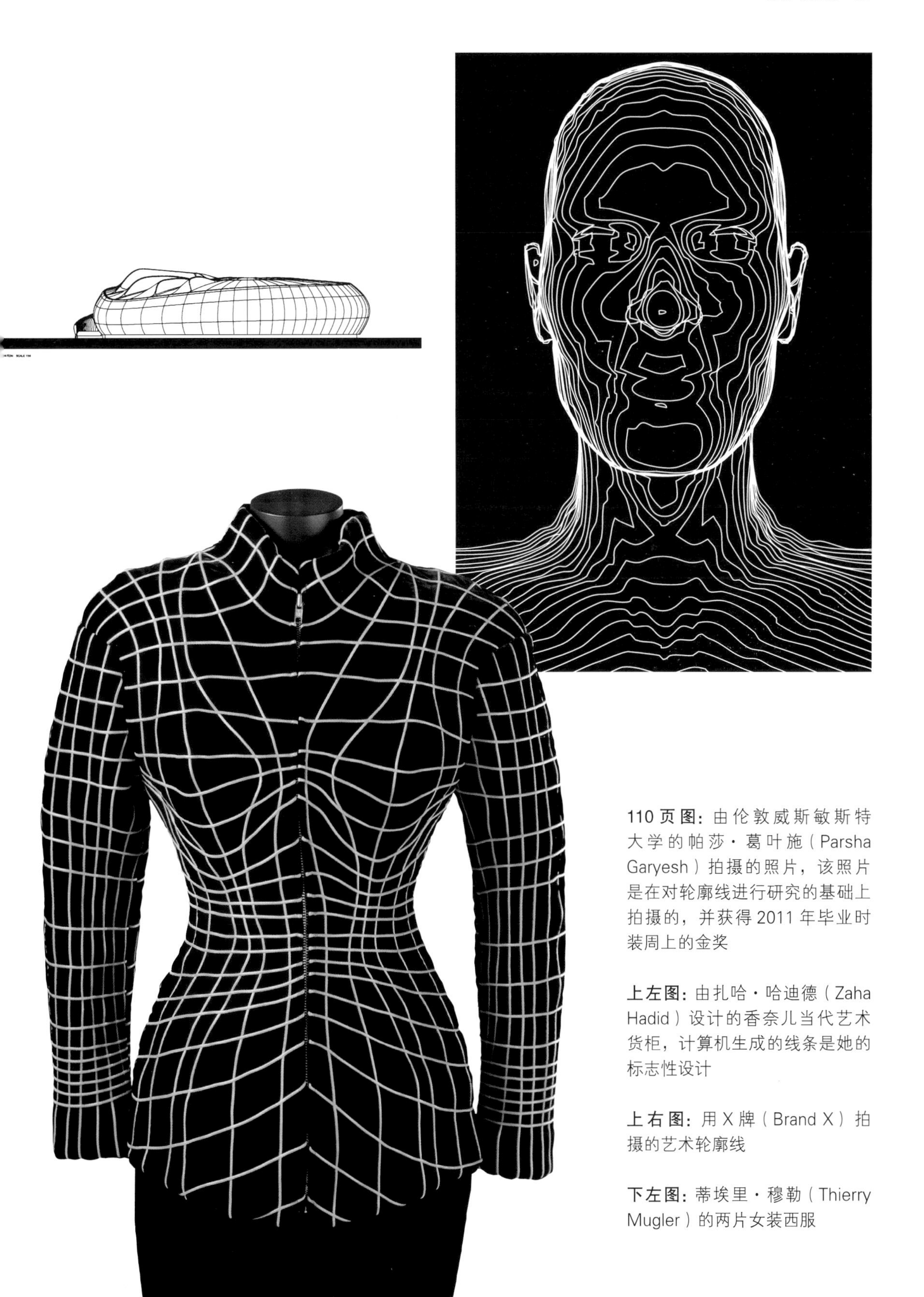

110 页图：由伦敦威斯敏斯特大学的帕莎·葛叶施（Parsha Garyesh）拍摄的照片，该照片是在对轮廓线进行研究的基础上拍摄的，并获得 2011 年毕业时装周上的金奖

上左图：由扎哈·哈迪德（Zaha Hadid）设计的香奈儿当代艺术货柜，计算机生成的线条是她的标志性设计

上右图：用 X 牌（Brand X）拍摄的艺术轮廓线

下左图：蒂埃里·穆勒（Thierry Mugler）的两片女装西服

仙境

先锋服装设计师海伦·斯托里是一位与科学家、非时装界人士合作的前沿设计师，其合作者为这一学科带来了新的理念和想法。

如斯托里所言：“我的工作范围十分宽泛，跨越了艺术、科学和一些新的技术领域。我的生产项目涉及科学的各个方面，并且直接与公众互动，为他们带来福利，我的长远目标在于帮助个体挖掘他们的创造潜力。最近，我开始将我的创作精力更多地放在与其他大学的合作上，为求解决全球问题上。”

“仙境”系列，尤其是这里展示的“消失的礼服（Disappearing Dresses）”，是斯托里与谢菲尔德（Sheffield）大学的高分子化学家托尼·瑞安（Tony Ryan）合作的项目成果，这一项目在两年前他们进行访谈时就已经开始。他们两人对包装的可能性——“知道它是否空了或者会消失”进行研究。这些礼服于2008年1月在伦敦大学时装展上进行展出。它们由可溶解于水的材料做成，服装被悬挂于支架上并逐渐下降到充满水的巨大球形碗中。

112 页上图：工作中的海伦·斯托里

112 页下图及本页下图：“仙境”系列图片

可溶解的裙装及其他作品是不同领域间合作的成果，“仙境”系列让人们关注可以持续发展的和合乎道德的事物。尽管这可能会被嘲笑，但这项工作可以通过不同领域间的合作和实验，使人们的思维发生转变。

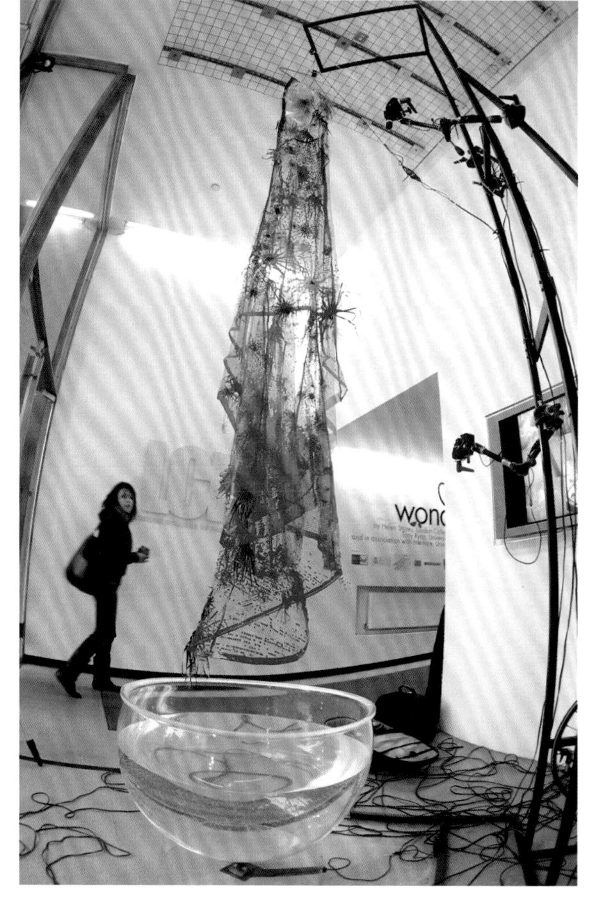

瑞安和斯托里这样评论：“我们知道，如果我们继续按照现在的方式生活，地球会变得不适宜人类居住。我们还在与丑恶的思想做斗争……这已成为我们每日生活都要面对的事情，当我们的精神受到挫败，我们的心灵也受到玷污。”

“实验表明，我们具有不可思议的巨大思维潜能，这一潜能在合作的过程中能得到提升。我们有意使我们的不同思维相互碰撞，特别是在与地球相关的严重问题上，如饮用水的缺乏，不可回收的塑料袋。正是由于各种思维的碰撞交融，从而促使我们创造出一种新的水净化装置和可降解塑料瓶。

我们选择用服装来展示我们的新方法，因为我们希望创造出能唤醒我们情感的美好事物。一件服装的制作经过数月，却在几天内消失不见，这就像一种无法理解的消逝。我们希望这能隐喻世界的消逝。”

上图：1936 年，加利福尼亚波特维尔（porterviue），一名正在等待橘子采摘节开幕的密苏里州（Missouri）波尔克（Polk）的难民，他穿着条纹衬衫和吊带牛仔裤，该照片由多拉施莱·南基（Dorothea Lange）所拍摄

115 页图：古董牛仔服上的细节

牛仔布与工作服

我们现在所知的牛仔布的来源一直存在争论。人们普遍认为，牛仔布这一名称来源于法国小镇尼姆（Nîmes），“尼姆哔叽（serge de nîmes，即斜纹哔叽面料）”最初就是在那里生产。托马斯·泰（Thomas Tye）是一名为伦敦纺织商托马斯·亨克里乌（Thomas Hinchliffe）工作的工人，他在 1739 年 6 月 25 日的日记中记录了一种名为“丹宁哔叽（serge denim）”的面料——这种面料是深红色的，他也不知道这种面料实际的纤维成分。还有一种起源于意大利热那亚的更为年轻的面料，最初在法国被称为“劳动布（genes）”，而到了热那亚则被称为“斜纹棉布（jean）”。到 18 世纪，“斜纹棉布”完全采用靛蓝染色制作而成。

无论牛仔布起源于何处，它的用途很广，许多裤子都由它制成，牛仔布最初用于铁道工人、农民、施工人员穿着的服装，当然，从 20 世纪 50 年代开始，牛仔布成为青年运动中的主要着装面料。光头青年、摇滚乐手和朋克族都穿着牛仔服。自从成为反叛的象征，牛仔服比骑士夹克、T 恤衫更多地成为年轻人的日常着装，后来，牛仔服又活跃于运动服中。

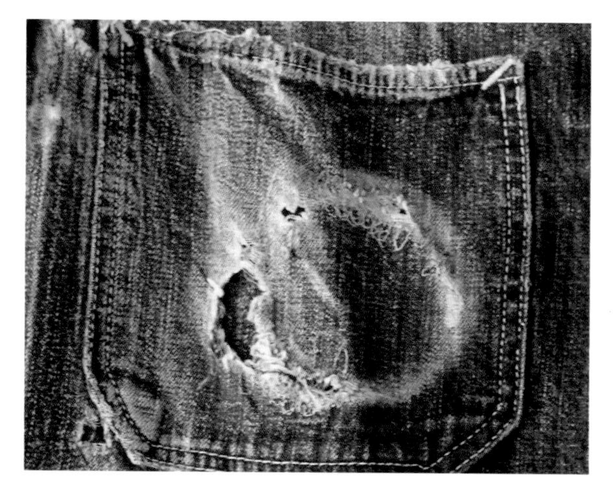

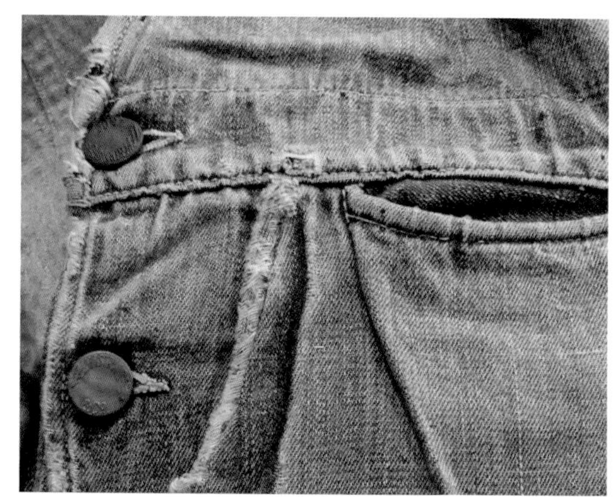

本页图：古董牛仔服及工作服细节

117 页图：等待晾干的牛仔服和工作服

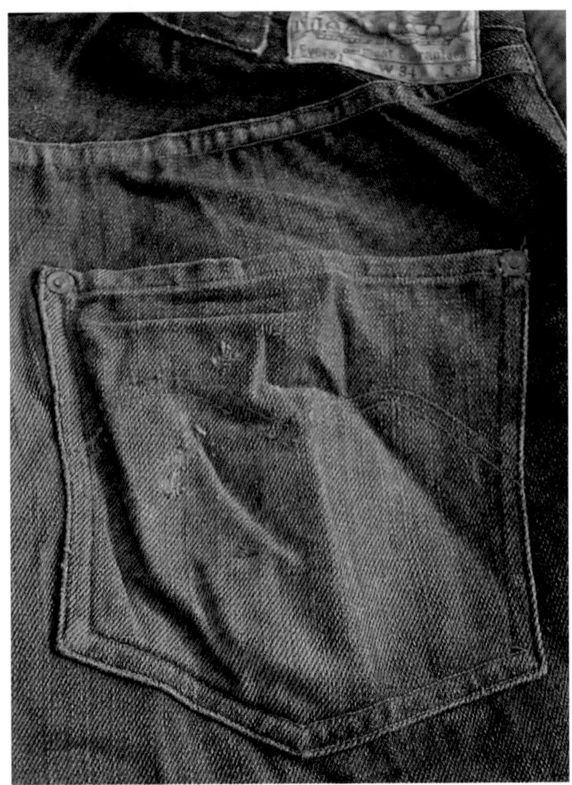

牛仔布

19 世纪中叶，李维·史特劳斯（Levi Strauss）最初在加利福尼亚售卖蓝色牛仔裤，接着售卖来自于新罕布什尔州（New Hampshire）一家工厂的高腰工装裤，并因此而闻名。有一位批发客户雅各布·戴维斯（Jacob Davis），提出了在口袋上添加铆钉这一建设性意见，之后李维斯（Levi's）牛仔裤于 1873 年申请了专利。1890 年，他们在前侧口袋里添加票袋，因而申请并获得了另一项专利，这一设计专利我们至今都能看到。李维斯的总部大楼最初设在旧金山的炮台街，在 1906 年的大地震中，公司总部被摧毁，之后公司搬到新的地方，将工厂设在瓦伦西亚（Valencia）街道，总部设在炮台街。李维斯安全度过 20 世纪 30 年代的美国经济大萧条期，并于 1934 年开始生产女性牛仔裤。最初的李维斯 501 号牛仔裤只有一个后兜，1905 年出现了第二个后兜。在过去的几十年里，李维斯从早期的设计中汲取大量灵感，这些早期的独特设计为之后的新款式提供了源泉。

李维斯在市场上最大的竞争对手是李（lee）牌。到 1915 年，堪萨斯州的李牌大约出售了 8500 条长袖连身工人裤（“Union-All”），并迅速成为李维·史特劳斯的竞争对手，如今在美国，它仍然是第二大牛仔裤制造商。

随着牛仔裤成为流行的时尚单品，它也成为设计师以及服装公司的一项设计工作，设计师和服装公司需要重新改造产品以满足市场需求（见第 120 页～第 121 页）。

本页图： 古董工作服细节

119 页图： 田纳西州的梅纳德维尔（Maynardviue），照片由本・沙恩（Ben Shahn）拍摄

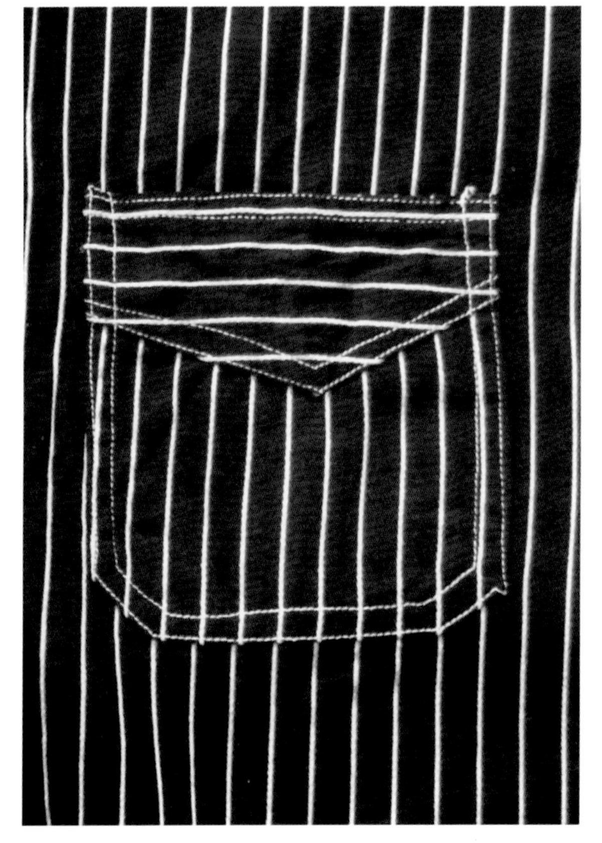

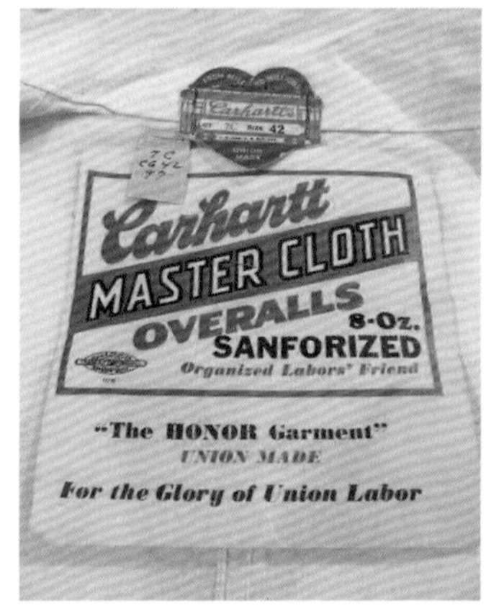

工作服

如今我们所知道的工作服是美国的一项著名发明，全球知名的工作服品牌大部分是美国品牌。迪凯思（Dickies）品牌最初由美国工作服公司于1918年创立，后来改名为威廉姆森·迪斯（Williamson Dickie），它是第二次世界大战时期美军的主要服装供应商，现在已是全球最大的工作服生产商。在年轻人中，尤其是溜冰人员中，这一品牌是时尚品牌。

工作服品牌奥什·科什（Osh Kosh B'Gosh）于1895年在威斯康星州奥什科什（Oshkosh）成立，它广为人知的原因可能缘于其条纹工作服，20世纪初期，该品牌最初只生产童装，如今，童装仍然是其品牌的主要营业项目。

卡哈特（Carhartt）是当下品牌中将工作服和时装结合的佼佼者之一。该品牌由汉密尔顿·卡哈特（Hamilton Carhartt）于1889年在密歇根州创建，以“从小发展为数百万人的大工厂”为座右铭。卡哈特公司于20世纪早期扩大规模，最终在北美和欧洲拥有20家工厂和作坊。如今，公司的街头服饰部门在整个欧洲都开设了分店，为了传承公司的文化，许多服装仍然采用已成为卡哈特象征的三重缝合接缝结构。

“我相信，当人们穿着我设计的服装时能增加自信，因为穿着者知道产品的生产商是一家对工人非常有诚信的生产商。”

——汉密尔顿·卡哈特

牛仔服设计师

在 20 世纪 60 年代，牛仔布生产商开始生产在当时比较流行的各种风格的牛仔裤，例如，在牛仔裤上运用补丁、刺绣以及各种装饰物。牛仔裤上的育克、牛仔上衣的衣领及口袋采用刺绣装饰，刺绣民族图案或者诸如布鲁特斯（Brutus）和菲尔麦斯（Falmers）这样的公司所设计的奇幻图案。牛仔布在 20 世纪 70 年代一直都是非常流行的时尚面料。到了 20 世纪 80 年代，一些时装设计师，如古奇、卡文・克莱恩以及歌莉亚・温德比（Gloria Vanderbilt）等，开始设计和生产自己品牌的牛仔服。

布鲁斯・韦伯（Bruce Weber）和理查德・艾维顿（Richard Avedon）为卡文・克莱恩早期的牛仔服拍摄过广告片。作为卡文・克莱恩广告片的艺术指导，艾维顿为卡文・克莱恩拍摄了一张富有争议的照片，照片上的模特是波姬・小丝（Brooke Shields），看起来只有 15 岁。

到了 20 世纪 90 年代，牛仔服在一定程度上失去了青年顾客的宠爱，休闲裤

120 页图：1995 年，纽约时代广场卡文·克莱恩牛仔裤的宣传广告牌

下右图：20 世纪 60 年代到 20 世纪 70 年代的古董牛仔服

和运动裤取代它成为年轻人衣橱中的流行服装。然而，到了 20 世纪 90 年代后期，李维斯以一种全新的、相较更为流行的产品——3D 立体剪裁牛仔裤重新在市场上占据一席之地。该产品采用弯曲的接缝和改造后依旧熟悉的细节，为该产品的剪裁和感受注入新的生命力。到了 2000 年，牛仔服重新并进一步稳固了其在时装界的地位，很多设计师的设计系列都有牛仔服，至今它保留了所有的典型设计手法：漂白、原生态、干燥处理（思琳的产品有所涉及）、挤压（渡边淳弥的产品有所涉及）、装饰镶嵌（巴尔曼的产品有所涉及）以及刺绣。

运动装

运动装，同它的结构、细节、审美和款式一起，一直以来都是时尚中的重要主题。运动装一般具有朝气、活力、舒适性，其设计需要注重人体，毫无疑问，无论是商业化的时装设计师还是概念性秀场的时装设计师，运动装对他们而言都变得越来越重要。

真正的运动装强调功能性和舒适性，服装设计师已经从运动装及其元素中汲取灵感，创造了更多概念性的、高端的时装系列。

运动装已经成为现代人衣橱中不可或缺的一部分；运动鞋和运动套装往往比普通套装更容易穿着，一些为竞技型运动和娱乐型运动而开发的高性能纺织品，以及一些为竞技性运动装而发展起来的高科技服装结构的方法，正应用于高端时尚产业中。功能好和性能好成为运动装设计中最核心的部分，企业也投入相当多的时间和资金用来研究高性能的服装、面料和鞋类产品。

如今，以运动装为灵感设计的服装在服装界看来似乎十分普遍，但是在 20 世纪 80 年代初期，人们只有在运动的时候才穿着运动装，随着诸如英国设计师博迪迈普（Bodymap）和美国设计师诺玛·卡玛丽（Norma Kamali）引领运动装风潮，这一现象才得到改变。

现在，没有什么装束比一双运动鞋、一件带帽运动衫和一条运动裤更为常见了；不过每一个人的着装品位与个性可以通过色彩和细微的差异与改良以及品牌来体现。

上左图：一位牛津的舵手，1930 年

下左图：美国橄榄球队队员兼教练，泰利·布伦南（Terry Brennan），1954 年

下右图：棒球大联盟投手，查克·弗雷泽（Chick Fraser），1903 年

123 页上图：骑着摩托车的两名女性网球运动员，1925 年

123 页下左图：一件 20 世纪 20 年代带有装饰胶木扣子的网球裙裤

近期，时装设计师将许多运动装制作技术融入他们的设计中，这些设计常常通过直接与企业合作来实现。与此同时，运动装本身也变得更加时尚和具有自我感知意识，经常能从运动装中回顾其设计历史。

我们可以看到，时装设计师越来越多地与运动装品牌合作与结合。像山本耀司、斯特拉·麦卡特尼（Stella McCartney）也与运动装品牌合作设计时装系列，亚历山大·麦昆也曾为彪马（Puma）设计鞋类产品，运动的特性在广告宣传活动中展现得非常突出。

从20世纪20年代起，可可·香奈儿就已经为法国女性重新定义了现代主义的含义，20世纪40年代纽约的克莱尔·麦卡德尔（Claire McCardell）为美国设计师（如唐纳·卡伦）开辟了先河，从可可·香奈儿、克莱尔·麦卡德尔到男装设计师拉夫·西蒙，都对运动装进行了更新诠释，使其成为当代时装设计的标志性服装。设计师们长期以来受到运动装的功能、面料、细节和标志的影响，并且这种影响一直会持续下去。

运动装图案

像制服一样，运动装最初的色彩和标志是为了满足快速识别的需求而设计的，从这一角度来看，运动场上的运动装与战场上的军装刚好相反。一些团队和学院会设计他们独有的标志色和色条、色块组合，同时确定商标的字体和创作LOGO标志。

弗兰克（Frank）和弗洛伦斯·克拉克（Florenz Clark）为詹特伦（Jantzen）的跳水女孩设计了运动装的LOGO标志，可以说这是第一个运动装标志设计。女孩克莱德（Clad）第一次出现在广告中是1920年，那时她穿着一身亮眼的红色泳装，佩戴一顶泳帽，一直到1923年她仍然出现在泳装广告中。作为品牌的标志，跳水女孩的形象虽然经过多次更新设计，但至今仍然是一个品牌辨识度较高的标志。

到了1933年，法国鳄鱼牌（Lacoste）开始生产胸部刺绣鳄鱼标志的网球衫，颇具创新，运动装标志作为商标和品牌识别从此诞生。

当今两大巨头运动装品牌，阿迪达斯（Adidas）和彪马（Puma），是由两个德国兄弟——鲁道夫（Rudolf）和阿迪·达斯勒（Adi Dassler）创立。当初鲁道夫把鲁达（Ruda）作为其新成立公司的注册名，之后才改成彪马。彪马最初的标志是一只跳跃的美洲狮，在1948年同时一起注册的还有公司的名字，这个标志一直使用至今。鲁道夫的哥哥阿迪·达斯勒，成立了阿迪达斯公司，并于1951年从芬兰运动品公司——卡虎（Karhu）购买了三条纹商标，如今已成为享誉全球的商标。许多其他公司曾使用类似的两条纹、三条纹或四条纹设计，对此，法院纷纷判决此类设计侵犯了阿迪达斯的三条纹商标，这有效地禁止了其他生产商在他们的衣服上使用类似的标识。

1971年，前身是美国运动公司的蓝带体育公司（BRS）决定开始建立新品牌——耐克（Nike）。卡罗琳·戴维森（Carolyn Davidson）是俄勒冈州波特兰（Portland）州立大学图案设计专业的学生，受该公司委托，设计耐克品牌现在标志性的斜勾标志，如阿迪达斯的三条纹标志、鳄鱼牌的鳄鱼标志和彪马的美洲狮标志一样，迅速闻名于全世界。

品牌忠诚度在运动装狂热爱好者中尤其强烈，公司极力维护品牌识别性，通过可赢利的赞助协议，体育明星展示了他们对特定公司和品牌的忠诚度。

这是最初的棒球服装卡片，展示了老式美国运动服装，卡片中的色彩搭配和各种字体与图形可以给设计师提供灵感

M
C
32
10

上左图：由伦敦威斯敏斯特大学的凯特·布里泰恩（Kate Brittain）为劳拉·威廉姆斯制作的针织样品

上右图与中图：来自伦敦威斯敏斯特大学的劳拉·威廉姆斯（Laura Williams）的速写本

下右图：老式滑雪服装

滑雪服

通过选择一种特定的运动（即使是某一特定时期的运动），设计师们可以从各种不同的角度找到灵感，如服装色彩以及色彩组合、服装细节、口袋、开合件、制作方法、服装上的图案以及广告宣传中的形象。字体、图案设计和风格能使设计师回想起某一时期、某一民族特征、某一独特的运动或运动方式。

上右图：20世纪50年代，手持滑雪板摆造型的家庭

下左图：金羊毛（Golden Fleece）的广告画

时代思潮

时代思潮是一个时代的灵魂，范围广泛。包含各种问题、事件和事物，可能涉及政治、环境、生态、经济、音乐、科学或技术等，也可能涉及自然灾害、社会问题、电影、电视、流行音乐或街头风格。

沙朗·格劳博德是时尚资讯信息平台的纽约潮流分析公司高级执行官，曾经说：“我总是被大街上人们的着装激发起灵感，就是那些我认为‘有穿着目的’并特意打扮的人。显然，人们对于服装的色彩、比例、面料纹理有所选择，甚至还能说出与其着装相关的故事。有时候这些看起来很微妙，但是却常常预示：时代思潮、明天会流行什么、人们又会被什么所吸引。”

凯瑟琳·哈玛尼特（Katharine Hamnett）设计了带有政治言论的T恤，针对20世纪80年代发生的各种事件与问题，如艾滋病、核裁军以及90年代的反海湾战争，凯瑟琳设计了一系列服装，这件T恤只是其中的一件

针对可持续发展问题，加州艺术学院的助理教授琳达·格罗斯（Lynda Grose）这样写道："我们经过一段时间的调查研究，发现纺织服装业本质上与农业紧密联系。现在，人们越来越意识到相关问题，但是对此要做些什么、如何改变自己的行为仍然不知。不同年龄、不同文化层次的人都可以快速感受、获得时尚，时尚也每天与不同年龄和不同文化的人们接触。时尚也会反映人们希望有所行动以达到弥补、改善的目的。现今其他领域里有许多现象表明，主流社会赞同可持续发展，包括那些排着队坐普锐斯（Prius）混合动车的人们也认可可持续发展，不过没有人想要百分之一百的可持续发展。"

琳达·格罗斯还说："手工艺作坊的回归和设备的公开共享，代表奢华这一现象又开始回转，人们根据自己的情况追求高品质，垂直等级制度被废弃。人们积极学习新技术，可持续发展将在各地开始涌现。时尚界可持续发展的方法原本比较零碎——有机的、再生的、可持续的，等等。现在，人们变得更加富有经验，能够辨别生活中的真正问题并采取适当的措施，这超越了 20 世纪 90 年代固有的范畴——顾客满意度、水资源、采棉的劳动力问题和毒品问题。"

针对主题研究和新型社交网络蓬勃发展的现象，设计师兼演讲家安德鲁·卢比解释："社交网络揭开了很多新兴的和之前未了解的研究话题，有很多的领域有待我们去探索和研究。这需要人们开始着手探索，优秀人士总会这么做。他们的各种渴求促使他们进入新的领域。不同的是，现在这些新的想法和发现可以在网上直接上传和分享。这也让那些之前已经探索过的相关主题可以获取新的含义和方向。我们现在有能力去结合历史，赋予其新的意义。"

伦敦中央圣马丁艺术与设计学院的时尚专业文学史课程导师威利·沃特斯说："外面世界发生的事情对学生具有重要影响，而好事是，这些事情一直在改变。"

一些设计师会对一些全球问题发言表态，也经常在作品中表现出一定的政治或社会倾向。比如亚历山大·麦昆 2009 年春夏的"自然区别，非自然选择（Natural Dis-tinction，Un-natural Selection）"系列；维维安·韦斯特伍德在 T 台上或 T 台下的社会评论；凯瑟琳·哈玛尼特（Katharine Hamnett）在所设计的 T 恤上的政治言论；莫斯奇诺（Moschino）的 CND 标志；谭薇薇（Vivienne Tam）的毛主席印花以及罗达特（Rodarte）姐妹的社会评论。许多设计师对科学和未来的主题颇感兴趣，侯赛因·卡拉扬便是其中之一。此外，一些设计师还从音乐中寻求灵感，蒂埃里·穆勒（Thierry Mugler）的设计师尼古拉·弗米切蒂（Nicola Formichetti）显得尤为出色，她与巴宝莉一样，都从当代音乐、戏剧、电影中寻求更新奇和更特别的东西。

电影

电影能以多种方式影响时尚——在创造新的流行趋势上，电影通过回顾某个历史时期，甚至通过预测未来，以给设计师带来灵感。

有时一部电影的出现会影响整个时代的时尚走向，而一个设计师会被一部独特的、触动心弦的老电影所影响。

涉及历史题材的电影无所不在，在某些方面，它能形成一种趋势或者启发设计师的T台表演。这些电影包括《窈窕淑女》《走出非洲》《好家伙》《乱世儿女》《孤注一掷》《穷山恶水》《灰色花园》《雌雄大盗》《火之战车》《了不起的盖茨比》（其中的影视服装由年轻的拉尔夫·劳伦设计）。1988年10月，约翰·加利亚诺发布了服装系列，其灵感来源于1947年田纳西·威廉斯（Tennessee Williams）导演的话剧《欲望号街车》（电影于1951年上映）中的主人公布兰奇·杜波依斯（Blanche DuBois）。1994年10月加利亚诺又与米希亚·迪娃（Misia Diva）重温了这部电影，从而推出一组24套服装的系列，电影当时由伊利亚·卡赞（Elia kazan）改编，由费雯·丽（Vivien leigh）和马龙·白兰度（Marlon Brango）主演，并获得奖项。

像《欲望都市》《安妮·霍尔》《凶眼》《落水狗》《神秘约会》《周末夜狂热》《飞车党》《出租车司机》《放大》这样的电影，全都是时代的经典之作，经受住了时间的考验，它们为设计师回顾历史及激发灵感提供了很好的素材。

同样，《银翼杀手》《第五元素》《2001太空漫游》《电子世界争霸战》《黑客帝国》《发条橘子》《千年血后》《大都会》尽管出自不同的时代，但是都满足设计师的创造性想象，表现了未来主义的审美意识。

实际上，引用尼古拉斯·盖斯奇埃尔（Nicolas Ghesquiere）的话说，他在给巴黎世家设计2007年的系列时，就一直在看《魔鬼终结者》和《电子世界争霸战》。

亚历山大·麦昆在他的设计生涯中则多次受到电影的影响，电影《群鸟》《悬崖下的野餐》《千

130 页图： 亚历山大·麦昆 2004 年春夏服装，其灵感来自西德尼·波拉克（Sydney Pollack）1969 年导演的电影《孤注一掷》，该影片讲述了 20 世纪 30 年代经济大萧条时期，在加州圣塔·莫尼卡（Santa Monica）码头一家邋遢的舞厅中举办的舞蹈选手马拉松大赛

年血后》《闪灵》《乱世儿女》《擒凶记》《孤注一掷》都曾经成为其时装表演和时装设计的灵感来源。他甚至在伦敦的庚斯博罗（Gainsborough）工作室秀过一个设计系列，在这个工作室里希区柯克（Hitchcock）执导了许多代表性电影。

除了被电影激发灵感之外，一些设计师甚至参与到电影服装的设计中，尤其是让·保罗·高缇耶。他为许多电影设计制作服装，如吕克·贝松（Luc Besson）的电影《第五元素》、皮特·格林威（Peter Greenaway）的电影《情欲色香味》、让－皮尔·热内（Jean-Pierre Jeunet）的电影《童梦失魂夜》和佩德罗·阿莫多瓦（Pedro Almodóvar）的电影《荡女基卡》。

时尚资讯信息平台的沙朗·格劳博德（详见第 38 页～第 39 页）评论说："我每看一部老电影时都会想，'哇，围绕这部电影我可以设计一整个系列的服装'，无论它是古老的西部电影，还是 20 世纪 60 年代桃乐丝·黛（Doris Day）的 B 级片，还是 20 世纪 30 年代的黑色电影。电影中包含大量的灵感源，当电影的精彩片段出现时，我就会有灵感爆发出来并与电影取得共鸣。"同样，设计师保罗·史密斯也把电影视为丰富的灵感源。伦敦中央圣马丁艺术与设计学院的威利·沃特斯也补充说："电影是一个很有价值的研究领域。我个人很喜欢考克（Cocteau）电影的风格与模式，而不仅仅是电影中的一些衣服。"

下图： 电影《孤注一掷》中的简·方达（Jane Fonda）和米高·沙拉辛（Michael Sarrazin）

上左图：马克·雅克布 2011 年春夏时装发布会

上右图：电影《出租车司机》中的朱迪·福斯特

马克·雅克布 2011 年春夏成衣系列的灵感来源于 1976 年马丁·斯科塞斯（Martin Scorsese）导演的电影《出租车司机》，电影中的朱迪·福斯特（Jodie Foster）为这一系列带来的巨大影响，人们很容易就能辨认出横条运动衫和宽边软帽。

《银翼杀手》是亚历山大·麦昆最喜欢的电影之一，该电影是他 1998 年秋冬纪梵希（Givenchy）的高级时装发布的一个重要灵感来源。

上右图：年轻女演员肖恩（Sean）在科幻电影《银翼杀手》中的造型，该影片由英国著名导演雷德利·斯科特（Ridley Scott）执导

下左图：亚历山大·麦昆以电影《银翼杀手》为灵感，为纪梵希1998年系列创作的设计

时尚偶像：缪斯

阿曼达·哈莱克（Amanda Harlech）是约翰·加利亚诺的前缪斯，也是香奈儿首席设计师卡尔·拉格菲尔德的现任缪斯，她在2009年的《金融时报》中写道："我一直避免解释我究竟在香奈儿做什么，感觉我的角色就像一个在没有安全网情况下走钢丝的艺人，当我朝下看的一瞬间，好像自己就要掉下去一般。事实上，我的角色非常简单，就是完美表达拉格菲尔德的设计理念。这需要理解其想法并穿上他设计的服装，还不失去自己的个性。比如那个圆肩设计怎么样？高跟鞋和短裤、曲线裙能搭配吗？皱褶白衬衫如何与针织服装搭配和谐？"

古语说，缪斯是设计师背后启发他们创作的女人。20世纪早期，设计师的灵感缪斯包括像路易莎·卡莎提（Luisa Casati）、艾瑞斯·艾普菲尔（Iris Apfel）这样的女性、富有的艺术赞助商、设计师的朋友以及该时代的艺术家。第二次世界大战后，一些著名的缪斯，如纪梵希的奥黛丽·赫本（Audrey Hepburn）、伊夫·圣·洛朗的卡瑟琳·德洛夫（Catherine Deneuve）、香奈儿的伊娜·德拉弗拉桑热（Inès de la Fressange）和阿曼达·哈莱克

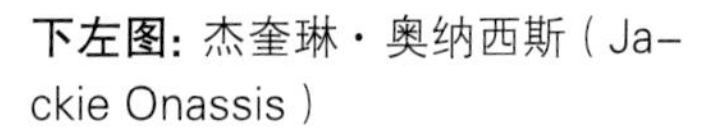

下左图：杰奎琳·奥纳西斯（Jackie Onassis）

下右图：亚历山大·麦昆2004年秋冬的服装发布会，杰奎琳·奥纳西斯作为开场模特出演，她的发式和太阳镜具有20世纪50年代后期60年代早期风格

上左图：电影明星马琳·黛德丽（Marlene Dietrich）头戴一顶贝雷帽，拿着手套，身着灰色男士套装和高领毛衣，漫步在好莱坞大街上

上右图：约翰·加利亚诺2005年时装发布会，以回归的马琳·黛德丽为灵感缪斯

下左图：1960年的女式套装，来自伦敦的金斯顿大学的博耐顿系列

（Amanda Harlech）以及麦昆的伊莎贝拉·布罗（Isabella Blaw），她们既聪慧也漂亮，好像带着翅膀，推动创意设计发展。现今缪斯这个角色已被名人崇拜搅浑了，流行歌手、女演员、模特都可以被视为缪斯和时尚偶像。如今缪斯也可能是设计师自己。新一代的女性设计师，如思琳的创意总监菲比·菲罗、斯特拉·麦卡特尼（具有同名品牌）还有罗达特姐妹，她们为朋友而设计，也为自己所理解的生活方式而设计，即为自己的生活而设计。实际上，现在的缪斯还可能是报导服装的新闻工作者，就好像安娜·温图尔（Anna Wintour）、卡琳·洛菲德（Carine Roitfeld）或者伊曼纽尔·奥特（Emmanuelle Alt）一样。像玛百莉（Mulberry）那样的公司，有可能以一个电视节目主持人的名字来命名他们的手袋。

还有更加文艺的缪斯，约翰·加利亚诺选中玛丽亚·拉尼（Maria Lani）作为2011年春夏系列的缪斯，这是他作为迪奥旗下设计师进行的倒数第二个成衣发布会。拉尼是一名西欧女演员，20年代来到巴黎，随后开始劝说时尚艺术家为她画肖像，并说她将拍一部恐怖电影并做主演。拉尼共有50幅自己的肖像画，绘画者都是亨利·马蒂斯（Henri Matisse）、马克·夏加尔（Marc Chagall）和让·科克托（Jean Cocteau）这样的画家。科克托曾说："每当我扭过头时，她就变了，是极具吸引力的女人。"后来，人们得知她并不是演员，那部电影也没有，她只是一名来自布拉格的秘书。后来拉尼带着肖像画潜逃至美国，也没卖掉那些画。而正是这50幅肖像画成为了约翰·加利亚诺时装秀中31套服装的灵感来源。

纽约时尚街拍，由达恩·哈恩拍摄

街头时尚

拍摄直立、全身的模特，一半是为了记录、一半是为了拍摄时装照片，以记录大街上普通人的着装风格，这种拍摄方式在20世纪80年代早期由《*i-D*》杂志的泰利·琼斯（Terry Jones）最先倡导起来。现在这种纪实报道方式已经普遍存在于杂志、书籍、博客和网站中，这些媒介普遍都接受了这种记录街头时尚的方式。这些照片富于灵感，服装的搭配、比例、色彩、面料、纹理还有穿着方式都可以为设计师带来灵感，促使其设计出新的前卫作品。

许多当代设计从业者从事的工作是为穿着在模特和人台上的服装拍摄照片，他们使服装显得更有层次，对服装进行整理、组合，甚至拼接，穿着搭配方式丰富多样且富有新意，然后通过速写或者拍摄的形式记录结果，最后再去处理图片，从而创造出新的独一无二的作品。

伦敦威斯敏斯特大学课程主任安德鲁·格洛夫斯（Andrew Groves）指出："一个人不能每一季都创造新的时装，但是可以重新定义穿着服装的方式和态度，比如是否分层、是否做旧、是否尺寸过大、是否混搭等。从文化角度来看，一块方形的面料可以是一条爱马仕（Hermès）丝巾，可以是一块瑞弗（rarer）手帕，也可以是穆斯林教徒的头巾。这些都和穿着者的穿着方式有关，这些穿着方式赋予服装意义和趣味。"

《*i-D*》杂志中的街头时尚

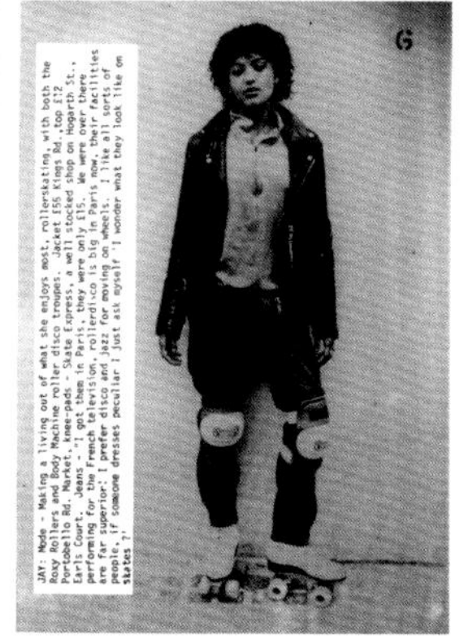

出生在德国的设计师鲁茨（Lutz），曾在伦敦圣马丁艺术与设计学院接受培训，现在巴黎工作，运用拼贴把“真正的衣服”穿在真人身上，作为他的时装系列的灵感来源。图中展示的是他 2011 年秋冬的服装灵感簿。

139 页图：时装街拍

真实服装

就像我们在别处看到的一样，设计师对“真实服装”进行调研、应用越来越普遍了。马丁·马吉拉的“复制（Replicas）”系列（详见第18页～第19页）、鲁茨的“削减（cut and shut）”拼贴方式系列（详见第138页）和延斯·劳格森（Jens Laugesen）的再造设计“发现（found）”系列都受其影响。设计师可以利用现有的服装并通过一定的方式将其改造成全新的服装，这些方式包括视觉拼接、解构重组，或对原有服装的忠实再现。

设计师延斯·劳格森出生于丹麦，现居伦敦，针对自己的再造服装系列“发现”说道：“我喜欢从已发现的服装中寻找灵感，这样可以开始并推进创造性的调研——从已有的服装出发开展创作，可以推动创意性的产物，从而减少不可预知性。”

关于在这些页面里所能见到的调研工作，他这样解释道：“我设计生涯中的第一个系列是我在伦敦中央圣马丁艺术与设计学院读文学硕士的时候着手创作的，出发点在于我淘到的那件伊夫·圣·洛朗老式燕尾服夹克，最初我将它拆开并修改成我喜欢的比例。我以这件被解构的夹克为出发点开始进行设计，正是因为它，我找到了我的设计理念。与此同时，我开始狂热地调研跳蚤市场，那里聚集了各种各样的商品，如第二次世界大战时期的德国护士大衣、军用斗篷和夹克，无所不有。我被这些服装的实用性深深吸引，我还发现通过发散思维可以找到一些可以与我对话的商品和衣服。最后，我利用所有这些物件并将它们进行组合，设计了我的第一个系列，我把这一系列命名为‘起点00（Ground Zero 00）’，它标志着我独立设计的开端。”

“对我而言，没有等待上天灵感的设计师。创意来自上天是一个浪漫的比喻。对我来说，灵感直接来自创造性的活动过程。我不需要激发灵感去进行创造性的工作，也不需要去辨别、确认设计的元素、细节、结构和理念，即使它们能够引发设计活动，有助于将新想法融入设计作品中。对我来说重要的是找到新方法，将解构的服装组合在一起形成全新的混搭效果。”

——延斯·格劳森

劳格森用这样的话谈论他的工作：“对我来说，调研的过程永无止境。一旦你开始去寻找灵感，你就会被吸引住，因为想法会从调研的过程中迸发出来。对我而言，设计需要感受敏锐、思维开放，以便像海绵一样吸收各种事物，并对灵感加以分析、区分，再以一种更直观的形态进行组合。调研是工作的出发点，可以转变各种想法和概念，将最初的原始元素变成全新的混合形态。在这一过程中，发现任何潜在的因素十分重要，这样才能相应地调整结果。”

“调研过程中我会发现很多观察事物的新方法，然后再对这些方法进行改进、提升……对我而言调研服装的方法就是站在那边捣鼓它们，分析它们，然后理智地拆分它们，从而寻求新的形式。

图为延斯·格劳森的作品，展示了对现有服装的再造以及由此产生的全新的、令人兴奋的设计理念

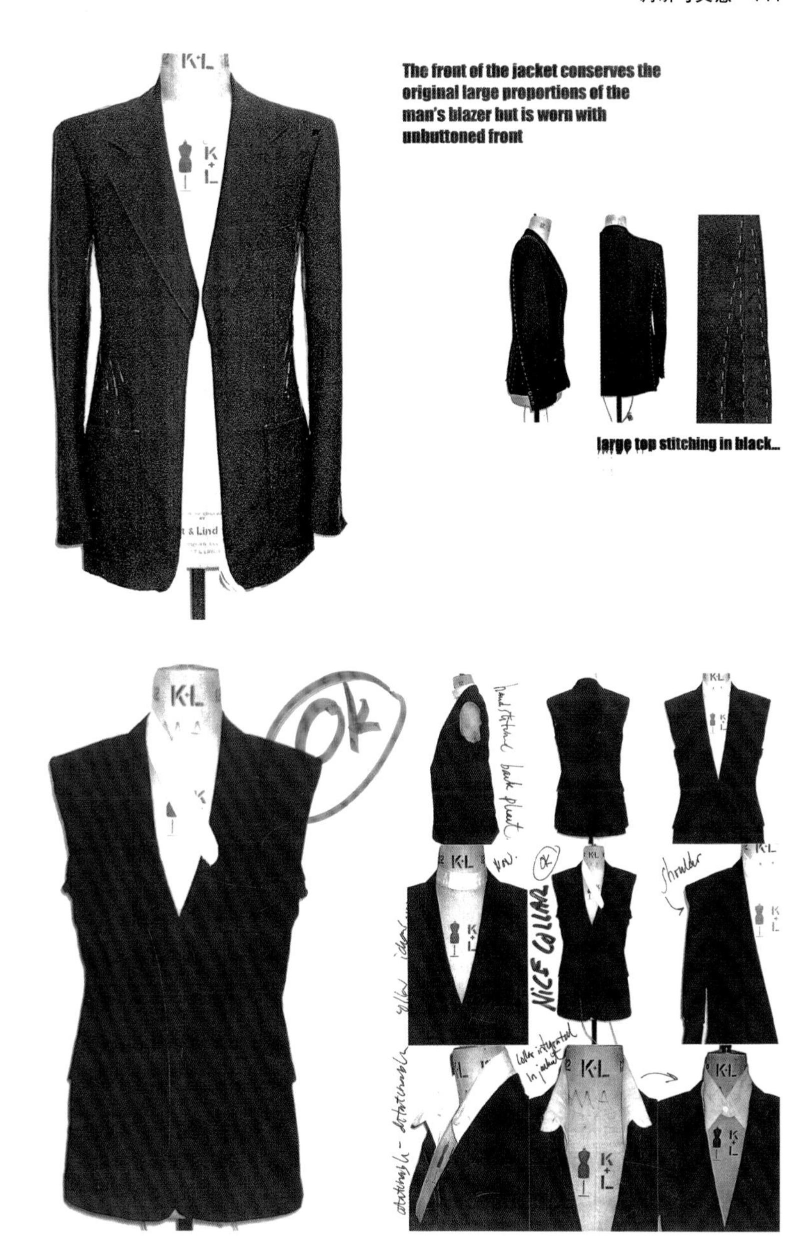

我在巴黎时装工会学院（Chambre Syndicale de la Couture Parisienne）学到了传统立裁技术，利用这门技术，我发现技术与激发创意之间的联系。”

“我认为最好的可视化调研方法就是让一个人涉及其中，这看上去有点儿像‘文化考古学家’，从各种原始物件中发现一些新的理念，然后把它们转换成一种新形态。服装摄影是我调研过程中的一个重要组成部分，可以让我看到服装上不连贯的地方，让我看清比例，也看清何时它是全新的、有趣的。”

概念

如今，伴随着设计调研越来越包罗万象而不仅仅只有一个主题，设计观念和想法也变得更加概念化和抽象化，越来越多的设计师开始寻找新的、更具个人特色的调研基础。

一个单词可能擦出一连串的思想火花；一段音乐、一个记忆片段、一个已发现的物件都有可能激发设计师的灵感。在接下来的内容中会为你呈现一系列精选的崭新作品，这些作品具有各式各样的主题，展示了设计师在个性化的设计调研和艺术阐释方面具有无限潜力。例如，一段叙述、一个故事，无论是真实的还是想象的，都可以用来阐述设计中做出决定的过程。一次旅程可以唤起你对色彩和材质的灵感，一个发现物能激发你想到不同形状的板型和裁剪，还有一些童年的记忆也会给你带来关于色彩的奇思妙想。又或者，你所处的环境也可能影响你的作品，在你的日常生活中，一些普通的东西如厚纸板盒子，或许也会成为你的灵感财富与设计决定因素。

和所有的调研出发点一样，在设计调研中一件非常重要的事是不能过分依赖于任何最初的理念。理念会影响你的想法，记住：无论你采用何种表现形式，理念仅仅是提升、推动你想法的工具，可以使你的创意思维新奇，会令人激动。

延斯·劳格森对其作品进行处理，正如图中所见，针对“真实”或“已发现”的服装，设计师会有很多设计理念，他不断地再剖析、再协调以及再创造

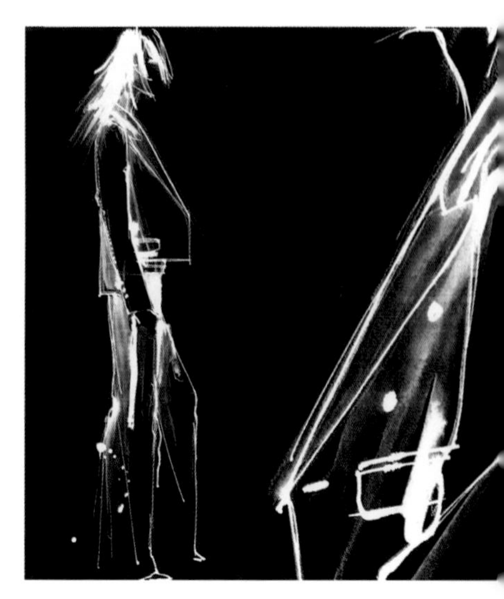

叙述

一段叙述，要么是可见的，要么是文字表达的，又或是这两种形式的结合，这些都能成为与人交流创意的极佳方式。这里我们可以看到，伦敦中央圣马丁艺术与设计学院以及金斯顿大学的学生们已经引用和结合了一些书面文字，重视视觉联系和旅行，以激发他们的设计灵感。

针对这个话题，中央圣马丁艺术与设计学院时尚专业学士学位课程主任威利·沃特斯说道：“故事的塑造对于调研来说十分重要，‘这是我祖父祖母在德国的衣服’‘这个衣橱里有男士和女士的衣服，祖父母彼此相爱、相依。’”沃特斯还提到：“虽然我认为调研最终应直观这一点并不重要，然而，这确实有利于设计师更好地阐述他们的调研，特别是在对新闻界表达他们想法的时候。通常，仅仅是一个系列的一个名字就足以令人身心一振，今年，有一个学生将她的作品系列命名为“祖母与迷彩”，这是和祖母与迷彩图案相关的系列，这个命名非常具有吸引力，并且作为一个主题也易于理解。”

带有主题叙述的概念板，作者：特雷西·王（Tracey Wang），伦敦中央圣马丁艺术与设计学院

"From that rubble, from those bit's and pieces, these new life forms are emerging, and we're experiencing their struggle in this very post-human landscape" (Director Shane Acker).

Archaeologists

100 0000 Years after the collapse of industrialisation a small society starts to emerge in the post human landscape. Acting as archaeologists they are left trying to create clothing from a few remaining images left by us that act as clues to an ideal civilsation. Their child like curiosity leads them to create clothing with no knowledge of how it actually existed 3 dimensionally in our world or how it was really created, with no experience of pattern cutting or construction they conduct a number of experiment's trying to recreate clothing. The creation's they try might not be right but they try and make them work.

Part's of garments have been dug up and act as sacred artefacts but because of there functional properties they are too valuable not to use, but too sacred to interfere with and so they are adapted to be functional in ways that will not disturb the historical value of the object, for example the garment pieces could be extended by the archaeologists so that pockets can be added for utility and not just cut straight into the garment.

Planet earth is healing itself and some of them work in areas as archaeologists and so adapt clothing to protect them from the planet's harsh environment for example shirts to protect the wearer from the sun and coats made from metallic wall insulation, a material that is light weight and designed to reflect heat inwards thus protecting form extreme cold and extreme heat, as if they ripped it from the walls of the shell of a building and wrapped themselves in it.

Inspired by Shane Acker's animation 9, which tells the story of robot's designed to aid humanity eventually leading to it's demise as they become more and more advanced the machine's are used to enforce a military regime, a twisted form of an ideal society, humanity is eventually wiped out with the robot's lack of logic or empathy , in the last few days of humanity the scientist who created the technology splits his soul into 9 small creation, doll sized being's each developed to take up a certain role and continue life after society. The animation follows the small beings as they adapt the post human landscape to eventually defeat the robot's grip on society and bring about rainfall, allowing plant life to grow once more. Although the characters in my collection might not be children they are small in the grand scheme of the empty planet earth, and very curious.

From this starting point I went on to look at how clothing is adapted at times when the societal norms no longer apply. How civilian clothing is adapted (specifically not military as this already adapted) in times of hardship such as warfare, political protest, flood and nuclear disaster. Horrified by 99% of what I found I also turned to look at the 1960's notion of "flower power" perhaps a naive ideal in reaction to a time of world-wide political unrest and social change. The idea of a civilisation existing outside the mass 9-5 relying on their emotions and empathy. I wanted the civilisation left uncovering our remains to aim towards the concept of utopia and not warfare which is usually the theme of a post apocalyptic concept, portraying an optimistic outlook on the human race to show the positive of the humanity, we are not machines.

Zac Marshall The Archeaologists

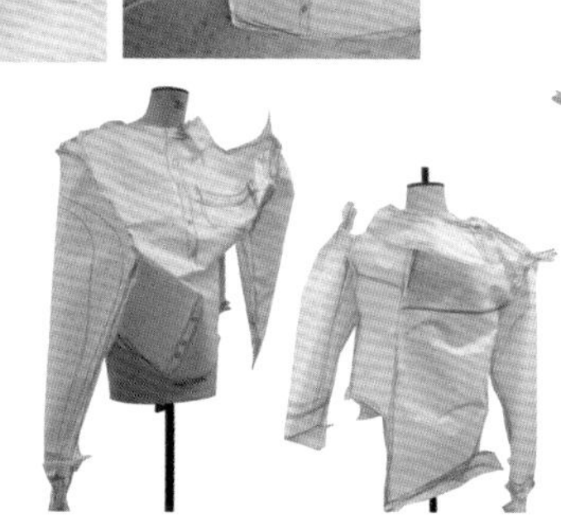

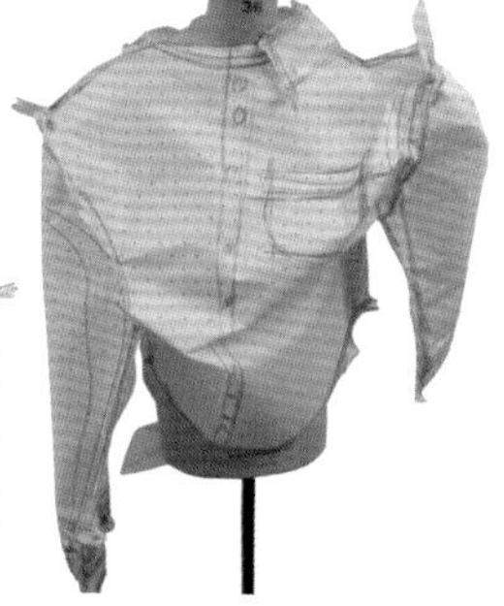

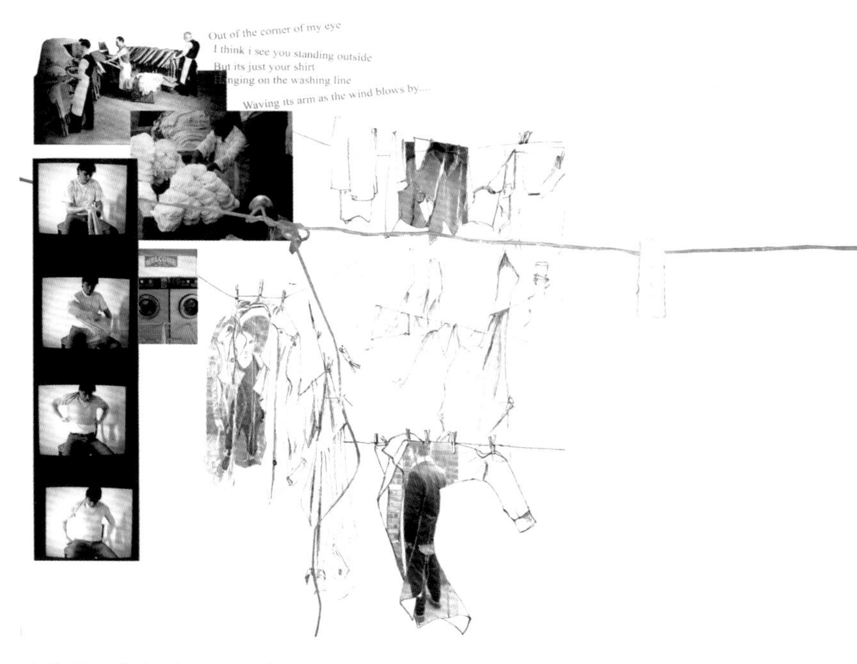

由伦敦金斯顿大学的扎克·马歇尔（Zac Marshall）制作的概念板，该概念板上展示了一些叙事主题

"Matches and Match Boxes", an American printed dress silk designed from a photograph by Edward Steichen, and manufactured by the Stehli Silk Corporation, c. 1928.

Louise Brooks
Steichen
Clara Bow 1925
Fashionable French couple walking in the Bois de Boulogne, Paris, 1921. With great flair, the man wears a striped shirt with plain white collar (detachable), tweed jacket and pin-striped pants, and spats – an unconventional combination that no American or British man would ever have dreamed of.

由伦敦中央圣马丁艺术与设计学院的杰尼·汉（Jennie Hah）为加利亚诺工作计划所创作的概念板

旅行

时装设计师们经常从旅行中寻找灵感，就像那些 18 世纪和 19 世纪曾经游遍欧洲大陆的艺术家一样——那些不同文化、地域以及视觉体验中的刺激因素不断激发着设计师和艺术家的创造思维，为他们提供新的素材和灵感。

伊尔莎·夏帕瑞丽曾推出了一个时装系列，这可能是第一个以民族服装为基础的时尚系列。伊夫·圣·洛朗经常将北非元素运用到自己的设计中，他甚至在北非有自己的家，这里为他的时装系列提供了大量的灵感。当代设计师们也常常旅行，百索 & 布朗蔻曾去日本旅行、调研，他们在日本拍摄照片，收集瞬间感受的素材，从而迸发出印花图案的灵感，之后便推出了以日本为灵感的 2009 年秋冬系列（见第 34 页～第 35 页）。亚历山大·麦昆曾去印度旅行，并推出了以拉杰（Raj）为灵感的 2008 年秋冬系列（见第 188 页～第 189 页）。保罗·史密斯是一个资深的环球旅行者和狂热的业余摄影师，在本书第 20 页～第 23 页中你就可以看到他在设计中运用自己摄影作品的案例。

莫莉·麦古基安（Molly McCutcheon）是一个来自伦敦威斯敏斯特大学的学生，正如本页照片所示，她曾前往日本旅行，在乘坐高速列车的途中看到了一些奇妙的色彩，她从这些色彩中获得灵感，并以此为基础完成了她最终的男装设计系列调研方案。在威斯敏斯特大学的服装工作室里，你可以在她的概念墙的图像上看到这些成果。此外，来自帕森斯设计学院的克莱尔·迪德里希斯（Claire Diederichs）从纽约的城市品质中为其作品的色彩和形式寻找灵感。

设计调研图像，来自伦敦威斯敏斯特大学的莫莉·麦古基安

上图：由纽约帕森斯设计学院的克莱尔·迪德里希斯创作的概念板

下右图：由伦敦威斯敏斯特大学的莫莉·麦古基安创作的概念墙

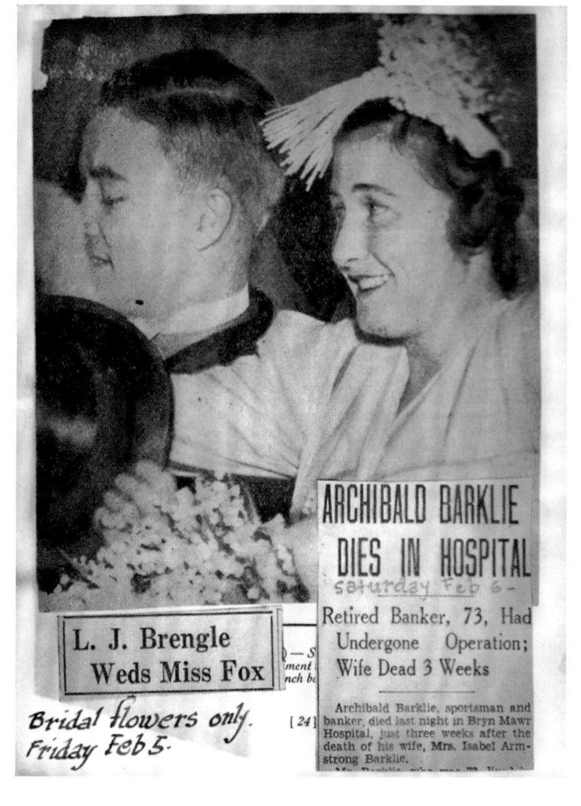

L. J. Brengle
Weds Miss Fox

Bridal flowers only.
Friday Feb 5.

[24]

ARCHIBALD BARKLIE
DIES IN HOSPITAL

saturday Feb 6-

Retired Banker, 73, Had Undergone Operation; Wife Dead 3 Weeks

Archibald Barklie, sportsman and banker, died last night in Bryn Mawr Hospital, just three weeks after the death of his wife, Mrs. Isabel Armstrong Barklie.

发现调研

调研的素材通常在不经意间产生，随便发现的一个物件就可能引起设计师的注意，在这里讲解的案例是一个被称之为“费城花店”的设计作品，这一系列作品的设计师是夏利·福克斯（Shelley Fox），其灵感来自于在纽约跳蚤市场发现的一套1937年～1939年间的日记，这些日记提供了大量的图像及文字记录，涉及费城花店承办的各种上流社会婚礼、葬礼、初进社交圈的仪式以及政治、体育、社会事件等方面。

花朵具有一定的象征意义，如庆祝、纪念以及场合标识，这些构成这个系列的基础。

设计师主要在纸上以二维或三维的形式，对各种不同类型服装的裁片进行设计和剖析。随后，通过这些裁片制成服装，采用服装的内里构成，如里衬和一些装饰，应用于服装的外部与内部。

福克斯的其他作品也涉及发现研究，如2006年的“负面系列（Negative collection）”，福克斯写道：“从易趣网（eBay）发现的玻璃摄影幻灯片，给予我对新的裁剪技术的设计灵感，那种在玻璃中呈现的仿若异界的形态让我魂牵梦萦，衣服的反面、缺失的部分、不相匹配的部分给我带来一种新的幻影感觉。在‘负面系列’作品之中，一些部分被强调、减掉或是被裁掉。各种风格的国内缝制纸样在伦敦东部被买走。将最初的原型纸样剪切，然后又混搭组合，以此创造新的纸样。纸样被一层一层叠起来，创造出新的领口线，此外，把背面当成正面，或者把背面当成正面来用，以此制造一种混乱感。”

150页图：“费城花店”展览及调研

特性

特雷西・王毕业于伦敦中央圣马丁艺术与设计学院，153 页上是她的作品，对于这些作品她这样写道："作品的设计目标是基于自己创意灵感的基础上创作一个系列。从这点出发，我感觉到通过调研图像可以表现灵感的方方面面，调研图像决定着我的设计方向，促使我了解自己的情绪。这个调研过程本身是有机的，因为我并不倾向于文字或者主题化的工作方式。我利用调研表达情绪并以此想象服装的类型、色彩及廓型。这个系列的灵感主要来自于女性的两面性，涉及年少纯真与成熟认知，具有十分迷人的元素，而且，服装就是着装者的自我体现。

作为一名女装设计师，我对这一理念能够理解、认知并加以应用。服装并非微不足道，服装设计的目的不是主导穿衣者的着装个性。设计服装时需要考虑人体的运动和体积，从而表现设计理念与个性。"

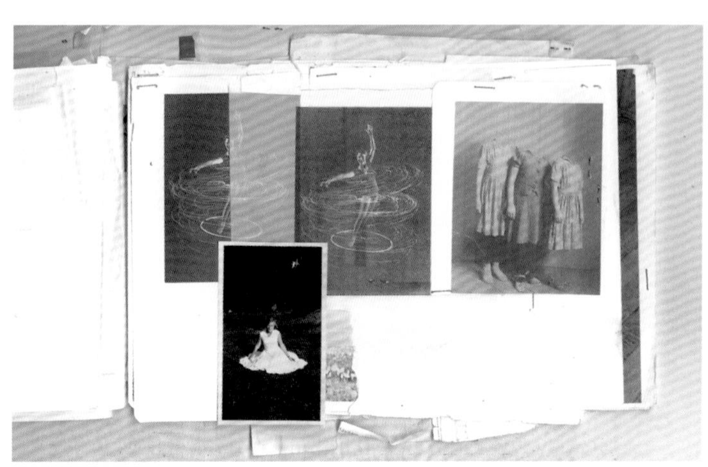

左图：纽约帕森斯设计学院的艾娜・侯赛因（Aina Hussein）设计的概念板

153 页图：伦敦中央圣马丁艺术与设计学院的特雷西・王设计的概念板

Through the anticipation of
festivity people arepermitted
to escape for a time

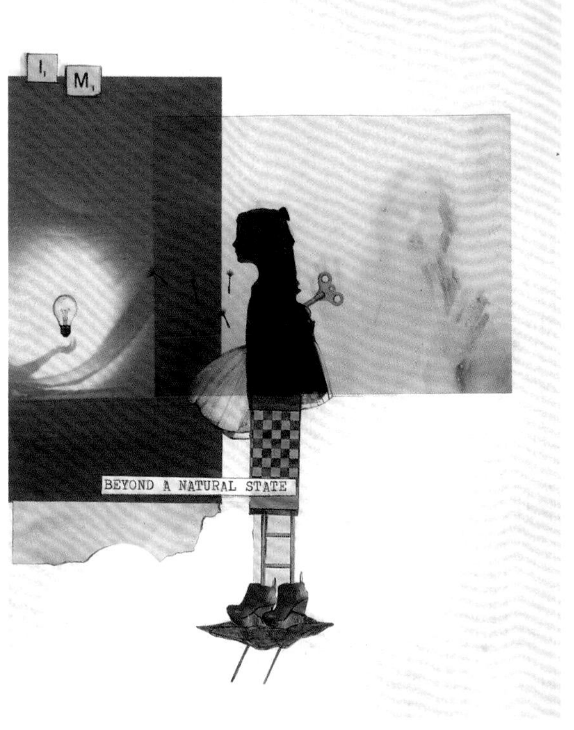
I M
BEYOND A NATURAL STATE

记忆

回忆过去的一些事情可能激发起一种强烈的情感反应，让人联想到色彩、材质以及情绪。对于童年、人物、假日、学生时代以及地方的记忆都可能点燃创造的思维并激发设计师创作的灵感。特定的面料、它们的味道、它们移动时发出的声音，这些虽然很抽象，但是和那些具体的文字形式一样，对于灵感迸发以及调研同样有效、有用。

这几页中的作品来自于伦敦中央圣马丁艺术与设计学院的大卫·加德纳（David Gardner）。加德纳解释道，记忆作为间接灵感源，是构成设计的基础，他说："这个世界已经沉寂不变多年，并且很早以前的人类生活轨迹就已消失。所有的事物已经变得平和而沉寂。你可以看到那个坐落在纽卡斯尔沃克北街的小屋，我来自工人阶级的小家庭，我的家就在那儿。每个礼拜妈妈将洗干净的衣物挂在庭院的晾衣杆上。风时不时地吹乱了原本纹丝不动的衣物，使它们变得生机盎然，尘土从服装上飘落，如同黑夜中的烟火；古老的心灵随着心爱的服装再次起舞，灵魂得以回归。鸟、飞蛾以及其他的野生生物将服装上的纤维和色彩啄去。服装变得既陈旧又晦暗。时间对万事万物发起一场美的战争，它不断持续着，让我们看到一个幽幽深远的秘密花园。通过我的设计系列，我为大家呈现了与加德纳家族考古有关的事物，在系列设计中，以考古中发现的物件、虚构的想象以及诗歌为灵感。我在作品中对晾衣杆上的旧衣进行了演绎，服装与周边的色彩和自然生物融为一体，非常协调。我希望感知灵魂，感知静止与寂静；我希望我的系列具有打破常规的神奇魔力。"

伦敦中央圣马丁艺术与设计学院的大卫·加德纳创作的调研图像

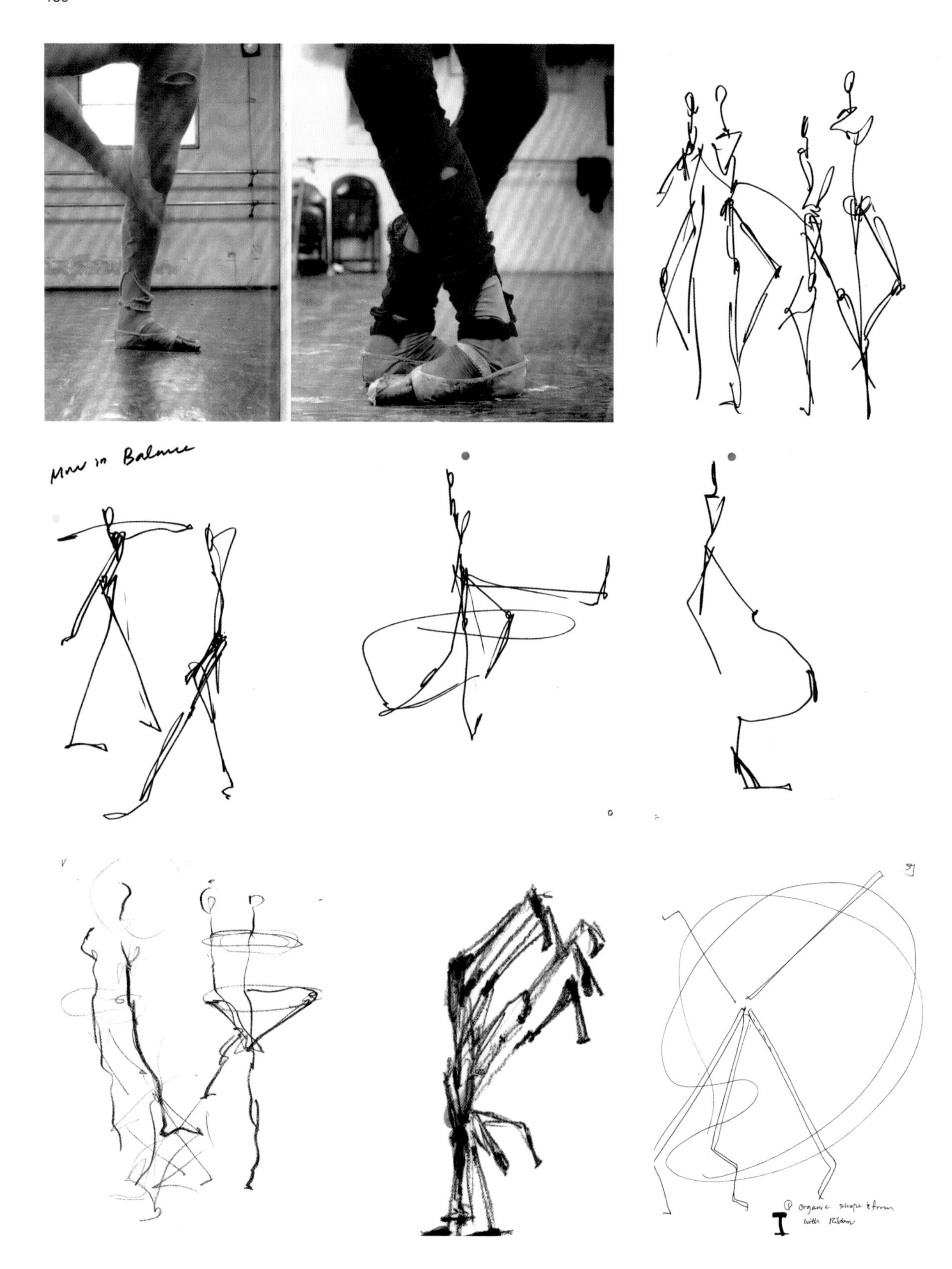
Move in Balance
organic shape & form with Ribbon

韵律

康秀珍（Soojin Kang）是纽约帕森斯设计学院的学生，她在作品设计中，探索了与韵律、音乐以及舞蹈有关的主题并加以运用。对于自己的设计，她这样描述："我的作品主要关注平衡——肢体运动和音乐律动之间的平衡。我最初的灵感便来自于芭蕾舞者肢体运动及其那行云流水的古典钢琴舞蹈配乐。"

"我用画笔快速勾勒出芭蕾舞者在时间和空间中的动作，并以此开始设计创作线条来进行的。此外，我将古典钢琴音乐的韵律与音调以具象生动的绘画形式呈现出来。结合这两种绘画图形，我将运动线条和音乐运用到设计中，从而确定该如何裁剪面料，该怎样打褶以形成自然下垂的服装形态。在面料中缝制可以拉扯的缎带，可以再现芭蕾舞与音乐韵律间的那种和谐生动的关系。通过对缎带进行调整，裙子的长度以及体积都会发生改变，从而改变服装的整体风格和感觉，令设计变得更具多样性。这种多样性是我对芭蕾舞肢体运动及其配乐之间韵律平衡的一种阐释和表达。"

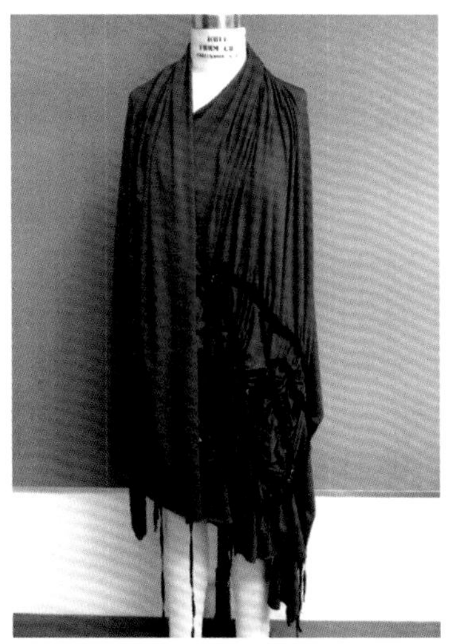

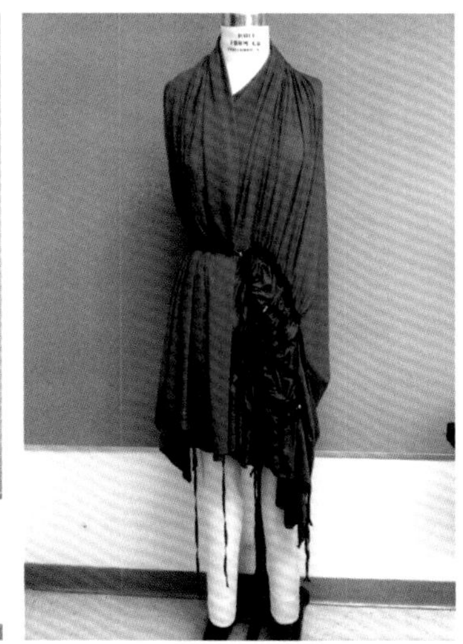

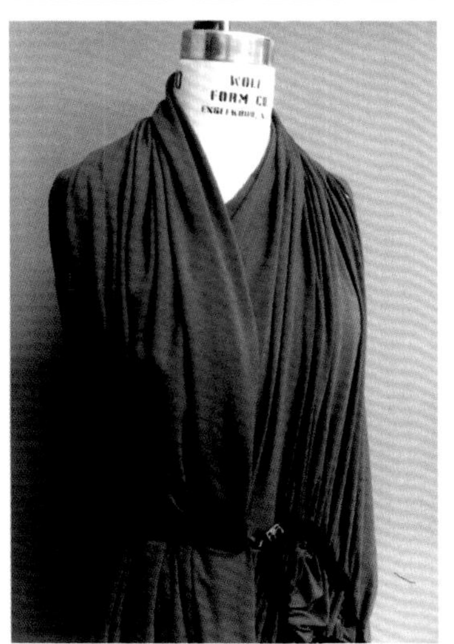

156页上左图：哈维埃·德沃德（Harvey Edwards）拍摄的护腿

156页图及本页图：纽约帕森斯设计学院的康秀珍绘制的调研影像

形式

无论是平常还是不平常的物品，设计师都可以从其形式和结构（不管是有规律的还是无规律的）中获得灵感。来自伦敦威斯敏斯特大学的学生——佐伊·沃特斯（Zoë Waters）从简陋的纸板箱中为她的毕业设计系列找到了灵感。

她在设计过程中认真思考色彩，将针织衫以特殊的染色方法染上纸箱的颜色；印染上，采用纸箱和胶带的色彩与纹理；材质上，采用细褶裥以使其和起皱的纸板相似；结构上，采用纸箱的构造。她在服装构造中运用了相似的结构工艺，针织面料会自然而然地悬垂与起褶，但是它要与纸箱最初的原型相协调。原纸箱上的孔洞成为手臂和颈部的开口，表明"穿着于"人体上的纸箱形态，折叠处变成折痕，并且转角处具有柔和的褶皱，褶皱贴合人体的结构。设计师采用熟悉的包装图案纹理来装饰这种新颖、富于流动感的面料。

沃特斯对自己的作品评论道："设计想法来源于小孩玩的躲猫猫游戏，这让我很快想到，小孩子对自己躲在纸箱里比把玩具放在纸箱里更感兴趣。这个想法后来延伸到纸箱的调查研究中。我对这些纸箱非常着迷，它们的形状、尺寸、构造、印花、商标、把手、随处的洞口以及固定用的胶带——这些对我具有无穷的吸引力。在仔细思考纸箱的内部与外部之后，我希望创作一个赞颂纸箱的服装系列，如果作品不是这样，请把作品返回。"

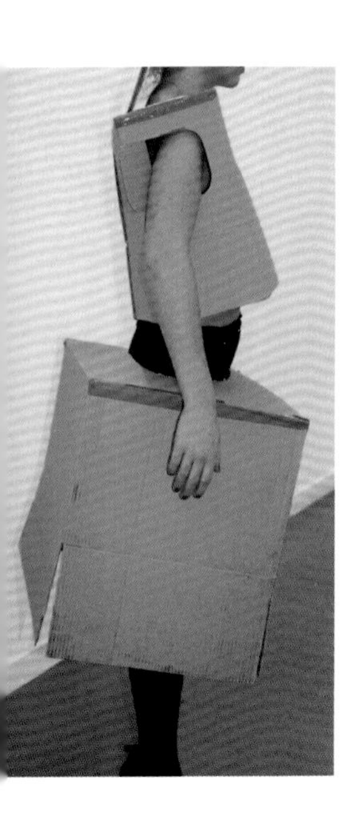

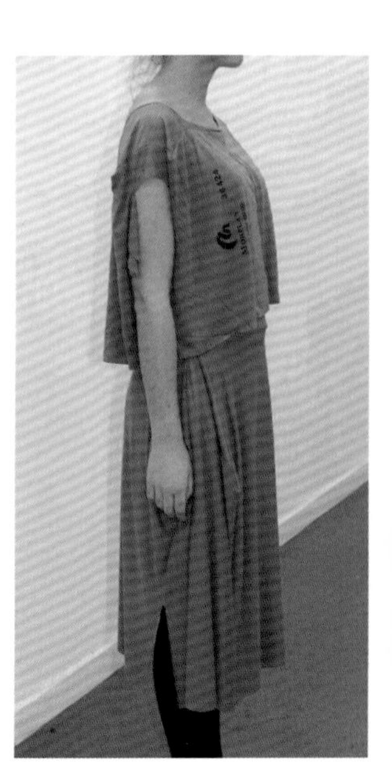

伦敦威斯敏斯特大学的沃特斯以包装盒为灵感完成的研究作品

面料工艺

面料的装饰和结构工艺有着悠久的历史，它有时候源于人们对装饰的追求，例如，伊丽莎白剪开服装面料以使亮色的里衬从开口处露出来，后来这种将面料剪开、让里层的面料露出来的装饰手法发展成一种时尚。维维安·韦斯特伍德十分钟爱这一设计，并以此为基础在1990年设计了“剪裁和开口（Cut and Slash）”系列；“剪裁和开口”也成为其代表性的独特工艺。一些面料工艺具有实用性，例如绗缝——将几层面料一起缝住，毫无疑问，这是出于保暖性和耐用性需求而产生的一种工艺。在如今的时尚领域，我们可以借鉴很多工艺，将其运用于服装中。工艺制作方法已经成为服装的装饰手法，以此展示服装技术、穿着者的地位和爱好。

打褶并不是一项新技术，但它在西班牙女装设计师玛利亚诺·佛图尼（Mariano Fortuny）的设计中表现得淋漓尽致。佛图尼是一名西班牙服装设计师，她从1906年开始设计并一直持续到1946年。佛图尼从经典的古希腊雕塑与绘画中的褶皱汲取灵感，她的第一个重要设计

是名为德尔弗斯（Delphos）的直筒连衣裙，设计师在丝绸面料上用玻璃珠压出精细的褶皱，这种制作褶皱的方法非常特殊，至今仍是一个谜。这条褶皱裙由天鹅绒和丝绸制成，其染色和印花仍然采用古老的传统工艺完成。

20 世纪 80 年代后期，日本服装设计师三宅一生开始对新的打褶技术进行试验，希望提供给穿着者更高的舒适度，通过褶的张合来迎合人体活动。1993 年，他设计了“三宅褶皱（Pleats Please）”系列，和传统的先打褶再制衣不同，该系列中的服装是先缝制再做褶。这种服装的裁剪尺寸比常规服装大 2 ～ 3 倍，然后像包装纸一样折叠，再高温熨烫。所有的褶都被用得恰到好处，斜的、横的、竖的，呈现出全新、出人意料又不失趣味的造型。

时尚资讯信息平台的沙朗·格劳博德（详见第 38 页～第 39 页）在提到面料以及面料的多种处理方式时说到：“面料是调研的核心内容。它能为设计师带来服装造型方面的灵感。面料的可塑性强吗？有弹性吗？挺括吗？弹性好吗？面料是服装的装饰基础。了解面料本身的特性和美感至关重要。它的外观如何，手感如何，动感如何，如何对其进行裁剪？”

160 页图：四个印第安妇女正在缝制被子

上左图：思琳品牌设计师菲比·菲罗设计的绗缝时装

上右图：川久保玲 2010 年秋冬系列中的绗缝时装

立体裁剪

立体裁剪是用面料直接在三维人台上进行设计和裁剪的技术，这绝不是一种新的设计方法，在过去的 30 年里，它早已成为创造新形式的设计方法，应用非常广泛。它让设计师有机会进行 3D 立体设计，有些设计光有纸和笔则无法实现。立体裁剪让设计师有更为完整立体的视野，而非传统的前后视野；通过立体裁剪，侧缝线可以做成弯曲的造型也可以消失，创造新奇、极富创意的形式。立体裁剪技术最早的倡导者是 20 世纪 20 年代的玛德琳·薇欧奈（Madeleine Vionnet），随后是 20 世纪 40 年代的格雷斯（Grès）夫人，而他们俩正是女装设计师玛利亚·柯丽佳（详见第 30 页～第 31 页）经常提及的在剪裁方面影响深远的设计师。虽然早在 30 多年前查尔斯·詹姆斯（Charles James）和巴黎世家的工艺就已家喻户晓，但在 20 世纪 80 年代早期，一个新的 3D 时尚造型由日本设计师川久保玲和山本耀司创造并发展起来。现在，朗万（Lanvin）的设计师阿尔伯·艾尔巴茨（Alber Elbaz）尝试创造一种新艺术，通过剪切、堆积将光滑的压花传统面料，如透明丝织物和真丝薄绸设计为时尚新颖的新造型。

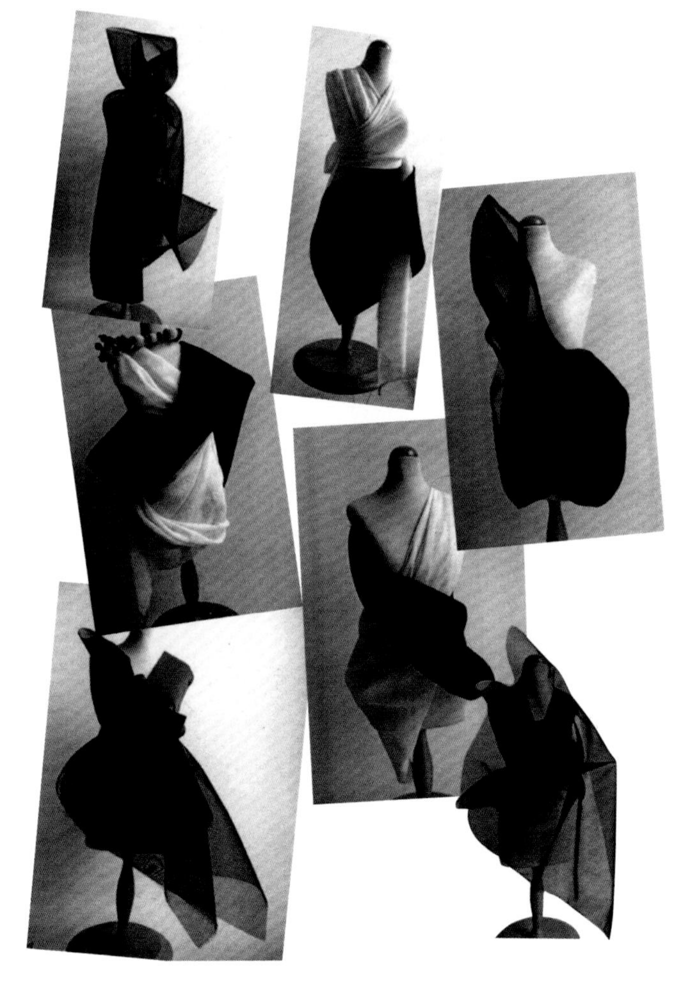

162 页下左图：阿尔伯·艾尔巴茨为朗万设计的 2009 年秋冬系列服装，通过立体裁剪完成

162 页下右图：伦敦威斯敏斯特大学的卡塔琳娜·霍尔姆（Catarina Holm）提供的立体裁剪

上右图：渡边淳弥 2008 年秋冬系列服装和头饰，通过立体裁剪完成

下左图：伦敦威斯敏斯特大学的劳拉·奥斯本（Lauren Osborn）对立体裁剪的探究

COLOUR PALETTE

MINTED
MOON SAND
JAFFA/ CORAL
BUFFED SHELL
PETROL/ TEAL
MISTED GREY
BLACKTRACK
WHIPPED WHITE

色彩

每一季的流行趋势的内容一般包括色彩、廓型和面料三方面。设计师们到处寻找色彩灵感——从旅行到环境再到艺术都可以获取。色彩灵感源可能是摄影杂志中的一张图片、一件已被发现的物体、一个古董或者一块复古面料。面料革新技术可能激发面料质地方面的灵感，也有可能激发服装点缀或刺绣方面的灵感。新的数码印花技术为更好地展示色彩和板型带来可能性。服装色彩也受时代的影响，最近处于世界经济的低迷期，柔和的色彩如裸色和灰色较多；而当经济景气时，则生机勃勃、光艳鲜亮的色彩居多。

“如果某个人说‘红色’，而且有 50 个人听到了，可以预料的是，在他们的脑海中出现的红色是 50 种不同的红色。并且我们可以肯定的是，这些红色各不相同。”

——约瑟夫・阿尔伯斯（Josef Albers）

“粉红色在印度是藏蓝色。”

——戴安娜・弗里兰（Diana Vreeland）

164 页图：伦敦中央圣马丁艺术与设计学院特雷西·王提供的最终色卡

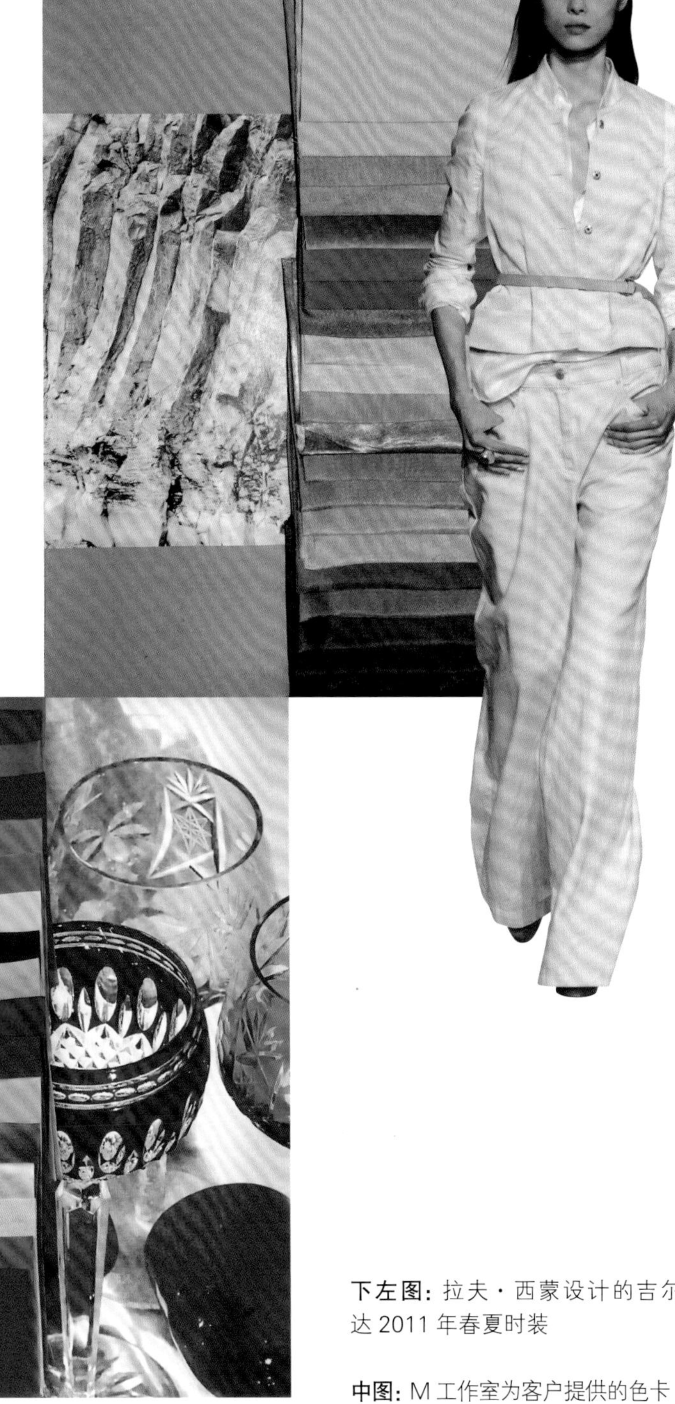

下左图：拉夫·西蒙设计的吉尔·桑达 2011 年春夏时装

中图：M 工作室为客户提供的色卡

上右图：德赖斯·范诺顿 2011 年春夏时装

MRS ROUSBY
STEREOSCOPIC COY
COPYRIGHT

结构

166 页上左图：维果 & 罗夫 2010 年秋冬系列作品——具有拉夫结构的时装

166 页上右图：加勒斯·普 2009 年春夏系列作品——具有褶皱结构的时装

166 页下左图：一张维多利亚时期的照片，女演员罗比（Rousby）穿着传统的拉夫领服饰

166 页下右图：查尔斯·詹姆斯的蝴蝶礼服，结构处理精美绝伦

下图：伦敦威斯敏斯特大学的杰西卡·马登（Jessica Madden）制作的概念板

组成服装和剪裁的结构元素有褶皱、胸衣羽骨、裙撑、花边、臀垫、垫肩，可以对传统的夸张设计（如裙撑、拉夫领和束腰）进行再创造，使其更现代化和更别致。我们看到，紧身胸衣在维多利亚时期及之前十分流行，到 20 世纪 80 年代又重新流行，并深受法国设计师让·保罗·高缇耶（详见第 182 页～第 183 页）的喜爱，他曾设计麦当娜（Madonna）巡回演唱会服装——紧身胸衣和具有填充物的舞台服装，此外还设计了蕾丝紧身胸衣、结构性强的粗斜纹棉布外套。在 1997 年春夏时装发布会上，川久保玲（详见第 176 页～第 177 页）将设计主题定为“将服装和身体合两为一”，展现了一种新的外形轮廓，在模特的一些特殊部位填充块状物。维果 & 罗夫的代表性设计采用扭曲结构（详见第 192 页～第 193 页），亚历山大·麦昆的剪裁技术高超（详见第 188 页～第 189 页），这些表明，设计师如果具有娴熟的技能，则更利于巧妙运用结构性元素。1998 年夏季，马丁·马吉拉展示了其“平面”系列，该系列由一片片的结构组成，形成一个平面的整体；有些服装因此能够全部打开（详见第 26 页～第 27 页）。不管是自然界，还是人工世界，亦或是服装历史，无论结构的构想源于何处，都可以给设计师提供结构灵感。

3

设计师案例：视觉评论

巴宝莉（Burberry）

克利斯多夫·贝莉为巴宝莉设计的2010年秋冬系列，灵感来源于公司的传统飞行员服装，呈现了带羊皮领的飞行员皮夹克，与带有褶皱装饰的裙子搭配在一起，像伞兵的服装。巴宝莉具有定做飞行员服装的历史，1937年公司为飞行员A.E.劳斯顿（A.E.Clouston）和贝琪·卡比–格林（Betsy Kirby-Green）提供了赞助，他们当年创下从伦敦到开普敦最快飞行纪录。

引用贝莉在www.style.com曾说过的话："当看到存档的飞行员夹克时，我就开始思考过制服和军校女子服装了。于是我开始着手这方面的设计。我意识到设计工作像沟壑一般纵横贯通，作品要既阳刚又性感，既有男性的阳刚之气，又有女性的阴柔性感。"

克利斯多夫·贝莉和他的设计团队常常以悠久的品牌历史为设计灵感进行创作。巴宝莉公司曾将很多探险事件作为设计的灵感来源，如1911年南极探险、1914年沙科尔顿（Shackleton）南极探险、早期的珠穆朗玛峰探险，还有很多具有标志性意义的航行探索和发现。巴宝莉已经推出了很多系列的外套，最终创造了丰厚的品牌历史，提升了独特的品牌审美。

1966年，在英国威尔特郡（Wiltshire）拉克希尔（Larkhill）地区，一把由风吹起来的降落伞

上左图：一位穿着飞行员服装的美国空军飞行员，着装包括飞行夹克和风镜，这张照片由玛格丽特·伯克－怀特（Margaret Bourke-White）于1942年9月拍摄

下左图：复古飞行夹克

下右图：巴宝莉2010年春夏发布会作品——飞行员夹克和受降落伞所设计的裙装

上图：飞机机翼

173 页 下 图：侯 赛 因 · 卡 拉 扬
2000 年春夏秀场上的机翼装

侯赛因·卡拉扬 (Hussein Chalayan)

从众多优秀设计师中脱颖而出的侯赛因·卡拉扬，出生于塞浦路斯（Cypriot），毕业于伦敦中央圣马丁艺术与设计学院。他的设计主题大多涉及环境、天气、风景、历史、技术和文化。

他早期在伦敦中央圣马丁艺术与设计学院设计的裙装是名为“切线流”的系列，这一系列曾埋葬于朋友家的花园，然后再将其挖出。裙子采用泰威克（Tyvek）的纸质材料制作，并且在上面印制了航空邮件信封上的条纹。

关于考古学和旅行的主题反复出现在他的设计生涯中。2002 年 3 月，他与苏珊娜·弗兰科尔（Susannah Frankel）一同出席了独立杂志的采访中，期间，卡拉扬对他 1999 年秋冬的“美狄亚（Medea）”系列发表了看法：“在某种程度上，这就像一场考古运动，我们自己的作品及其参考物都具有明显的历史性，就像爱德华（Edwardian）20 世纪 60 年代的裙装。我认为，在裙装上堆积起所有的层次之后再去掉一部分，从而创造一种新形象。”

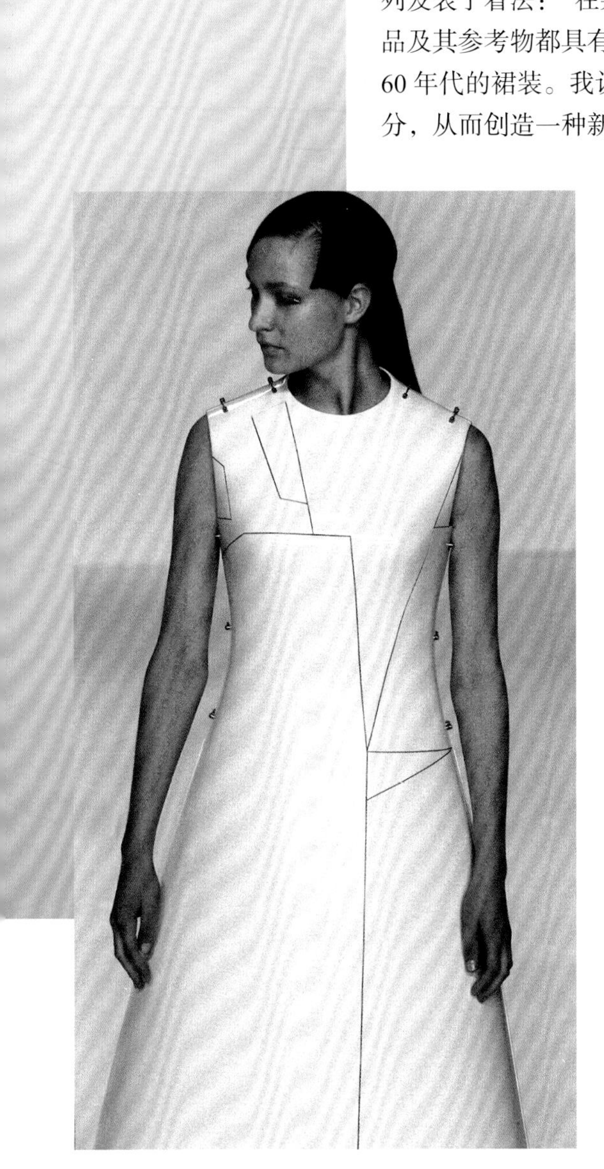

请看图，这是卡拉扬最具代表性的作品之一——来自其 2000 年春夏秀场上“从前减去现在（Before Minus Now）”系列中的一条裙装。这条裙子由一个隐藏式电动机操控，还有一块嵌板，可以像飞机起飞前的机翼一样拉开。

接下来的一季作品是他的“后记（After Words）”。2000 年 9 月，卡拉扬与恬忻·布兰查德（Tamsin Blanchard）在《观察者》杂志（*The Observer Magazine*）的采访中说道：“这一系列设计与离家出走和隐藏财产有关。”系列中的裙子变成了椅套，家具变成了衣服，咖啡桌变形成了裙子，并且在最后的展示中，一把椅子变成了手提箱。

在卡拉扬的设计生涯中，他不断地重温相关的工艺和旅行，我们能看到印有飞机飞行路线的礼服和带有活动部件的遥控树脂礼服。

香奈儿（Chanel）

加布里埃·可可·香奈儿（Gabrielle CoCo Chanel）创造了黑色小礼服、绗缝皮革手提包、女士粗花呢套装、第一个设计师品牌的香水，还可能创立了第一个时尚标志，并因此成名。1913 年香奈儿在巴黎开设了一家女帽店，开始了她的第一笔生意。在接下来的几年里，她为女性设计了易于穿着、轻便大方的服装，这些设计从运动装和男装中汲取灵感，并在法国上层阶级中产生了巨大影响。在 20 世纪 20 ～ 30 年代，香奈儿让时尚女性的穿着方式发生变革。

1939 年第二次世界大战爆发，香奈儿关闭了店铺，直到 1953 年才重新开张，此时她面临着与新一代女装设计师的激烈竞争，如克里斯汀·迪奥。尽管如此，她的生意还是一直持续到 1971 年，这一年香奈儿在巴黎去世，享年 87 岁。此后，她的店一直由私人接管，并持续到今天——这些人包括阿兰（Alain）和杰拉德·韦特海默（Gerard Wertheimer）、皮埃尔·韦特海默（Pierre Wertheimer）的孙子、香奈儿 5 号香水最初的投资者。1983 年，之前在克洛伊（Chloé）时装屋工作的设计师卡尔·拉格菲尔德被任命为香奈儿的创意总监，并被要求在鲜明的品牌风格和传统的视觉形象基础上对香奈儿品牌进行改革，使其融入时尚潮流中。香奈儿的花呢、多串珍珠和山茶花、配有金链子的绗缝手袋和编织物都被巧妙地重新改造组合，并日益成为时尚奢侈品市场的重要组成部分。在下一页我们会看到香奈儿 2010 年秋冬秀场服装，其灵感来源于“因纽特（Inuit）”的服装。

174 页下左图：香奈儿 1969 年系列中的代表性花呢两件套

174 页下右图：卡尔·拉格菲尔德

上左图：因纽特人米科（Micoc）以及她的儿子图泰克（Tootac），1769 年

上右图：2010 年秋冬发布会上，卡尔·拉格菲尔德从因纽特人的服饰中汲取灵感，为香奈儿设计的外套

下左图：爱斯基摩人家庭，格哈德（Gerhard）姐妹于 1904 年拍摄

M·H·FONTES
60. AVENUE DE C
PARIS

川久保玲
(Comme des Garcons)

设计师川久保玲对她的品牌“川久保玲”（见第 40 页～第 41 页）的设计灵感一直都是深远和晦涩的；她这样描述她的 2004 年春季系列：“从无廓型、抽象、无形形式角度进行设计，而并非为了展示人体。”她的设计经常展现维多利亚时期和爱德华时期的廓型风格，对忧郁严谨的黑色从不厌倦，并且渐渐模糊了男性的阳刚与女性的柔美之间的界限。在她的设计中裁剪常常显得多余，往往是通过面料及面料的组合来完成。通常是这些元素的并置使得她的设计显得更加特别和新颖。对于 2005 年春夏系列，她这样说道：“我以摩托车机器自身的力量以及芭蕾舞演员的臂力作为这一季的灵感来源。”作为一个思考者、一个梦想家，她不断地推动时尚潮流向前发展。这里有一张她 2005 年秋冬系列秀场上的图片，作品灵感来源于维多利亚女王时代的新娘，服装大多是白色，以传统蕾丝和精致的褶裥为主，面料是常用的婚纱面料——绸缎、薄纱和蕾丝，背景音乐来自世界各地的结婚进行曲。

176 页图：从左上图顺时针方向：在其第一次圣餐上穿着蕾丝裙的女孩；一条奶白色复古蕾丝裙；海伦・塔夫・曼宁（Helen Taft Manning）的结婚照片；奶白色刺绣复古裙

下左图：川久保玲 2005 年秋冬作品，以婚礼服为灵感的设计系列

克里斯汀·迪奥（Christian Dior）

1996年10月14日，约翰·加利亚诺取代意大利设计师奇安弗兰科·费雷（Gianfranco Ferré）成为克里斯汀·迪奥的设计师。他为迪奥设计的第一场秀于1997年1月20日展出，这天恰好是迪奥50周年的纪念日。加利亚诺曾经说过，他对戏剧及女人味的喜爱是他设计的核心："我的任务就是去诱惑。"

在克里斯汀·迪奥2007年春夏高级定制系列中，加利亚诺将在日本上映的普契尼（Puccini）戏曲《蝴蝶夫人》与日本折纸艺术相结合。然而，设计师用的是布料并非纸，只是将面料以折纸的形式缝制出来。同时，这一日本主题通过错综复杂的樱花刺绣和艺妓妆容得以进一步强调。最盛大奢华的迪奥服装秀要数高级定制，曾表现诸多主题，如1939年的爱情剧《乱世佳人》、世界顶级模特丽莎·芳夏格里夫（Lisa Fonssagrives），还有1789年的法国大革命。加利亚诺作为克里斯汀·迪奥设计师的最后一场秀于2011年3月4日举办。

178 页图：蝴蝶夫人杰拉尔丁·法拉（Geraldine Farrar）

上中图：日本折纸

下右图：1900 年，由莱奥波尔多·麦特里卡维姿（Leopoldo Metlicovitz）为普契尼（Puccini）的歌剧《蝴蝶夫人》所设计的海报

下左图：约翰·加利亚诺为克里斯汀·迪奥 2007 年春夏的高级定制发布会所设计的蝴蝶夫人系列，其灵感来源于折纸裁剪与日本艺妓的妆面

约翰·加利亚诺（John Galliano）

约翰·加利亚诺出生于直布罗陀（Gibraltar），6岁时随全家一起搬到伦敦，之后进入伦敦中央圣马丁艺术与设计学院学习，并于1984年毕业。他分别在1987年、1994年和1995年被评为英国最佳设计师，在1997年，他与亚历山大·麦昆一同获得这一殊荣，亚历山大·麦昆成名于纪梵希服装工作室。

加利亚诺1984年的毕业设计作品在英国伦敦考文特花园的花卉大厅展出，因其灵感来源于法国大革命，故命名为难以置信（Les Incroyables）；后来这一系列被买走并在伦敦布朗（Bronns）时尚精品店进行销售。加利亚诺开始自己创立品牌，并且遇到了合作者——《哈泼斯 & 名媛》（*Harpers & Queen*）杂志的造型师阿曼达·哈莱克（Amanda Harlech），以及曾在伦敦中央圣马丁艺术与设计学院学习的女帽设计师斯黛芬·琼斯。

1988 年，加利亚诺为了寻找财政支持以及强大的客户群，决定重新回到巴黎。在美国《时尚》主编安娜·温图尔（Aana Wintour）以及欧洲《名利场》（*Vanity Fair*）记者安德烈·莱昂·塔利（Andre Leon Talley）的帮助下，加利亚诺被引荐给财政支持者认识，并且获得社会认可，这使他在巴黎有了声誉。他的第一场秀成为 1989 年巴黎时装周的一部分，这对约翰·加利亚诺时装屋的发展来说十分重要。超模们放弃了以往高额的出场费，时装屋获得了财政方面的支持，并将空置的巴黎大厦作为临时工作室，还选择了恰当的戏剧演出场地，这些因素都非常有利，最终加利亚诺设计出 17 套以 20 世纪 40 年代为主题的时装。加利亚诺重拾自我，并且他的时装屋重新回到了世界时装领域。

1995 年 7 月，加利亚诺被任命为纪梵希的设计师，1996 年，他成为克里斯汀·迪奥的首席设计师（详见第 178 页～第 179 页），在那里一直工作到 2011 年 3 月。加利亚诺为他自己的品牌和迪奥每年至少设计 6 个系列，通常在收集资料和找到灵感来源后为每个系列命名，并且经常运用容易引起人们兴奋的元素来设计奢华的舞台。他的影响至今十分深远——尤其是在无声电影、芭蕾和戏剧领域的明星中。20 世纪 40 年代迷人的女性和电影明星、超现实主义艺术、来自世界各地的特色服饰，它们都被巧妙地混合起来，形成加利亚诺独特的设计风格。

180 页图：俄罗斯纪念品——套头娃娃

下左图：约翰·加利亚诺从俄罗斯套头娃娃中汲取灵感而设计的 2009 年秋冬系列作品

让·保罗·高缇耶（Jean Paul Gaultier）

让·保罗·高缇耶在他2008年春夏高级定制秀场中，使用了所有独具其个性的主题：水手服条纹、纹身印花、军事服裁剪——整体的海军特色与时装屋的风格十分相符。

作为一名设计师，高缇耶从来都没有接受过正规的训练；1970年皮尔·卡丹（Pierre Cardin）雇用他为设计师助理，之后他与让·巴杜（Jean Patou）合作。他的首个同名系列于1976年展出。

高缇耶的成衣设计系列一直以街头装为基础，尤其注重流行文化；相反，他的高级女装系列似乎更多地从世界各地的多元文化中汲取灵感，如从非洲部落、印度文化一直到哈西德派（Hasidic）的犹太教。

高缇耶在其职业生涯中有诸多创举，例如：1985年为男士设计裙装；1988年建立以年轻人为市场，结合街头装和航海服的副线品牌“年轻的高缇耶（Junior Gaultier）”，这对他后来设计的服装、宣传材料和香水产生了深远影响；20世纪90年代为麦当娜设计舞台服装，包括1990年麦当娜在“金发野心”演唱会上所穿着的著名锥形胸罩以及2006年“告白之旅”全球巡演的时装。

高缇耶一直在其秀场上采用一些让人惊讶的模特，如中性化的模特、年老的男人、身材偏大的女性以及身上有文身和穿孔的模特，这些都具有开创性的历史意义。

2008年高缇耶春夏高级定制秀场上的套装，这一套装表现了他最喜欢的航海主题，在这张图片上我们能看到模特身着闪闪发光的金属材质鱼尾裙、水手条纹上衣，以及精致剪裁的羊绒外套并配有漂亮的文身印花手套，模特的刘海微卷，让人联想起海藻

上右图：新泽西船上的一位水手正在为船友文身

下右图：蓄水池中的美人鱼，细节图片来源于本世纪初的马戏海报

下左图：法国水手及刚果探险者皮尔·赛维金·布拉扎（Pierre Savorgiran Brazza）（1852—1905）同两名水手一起

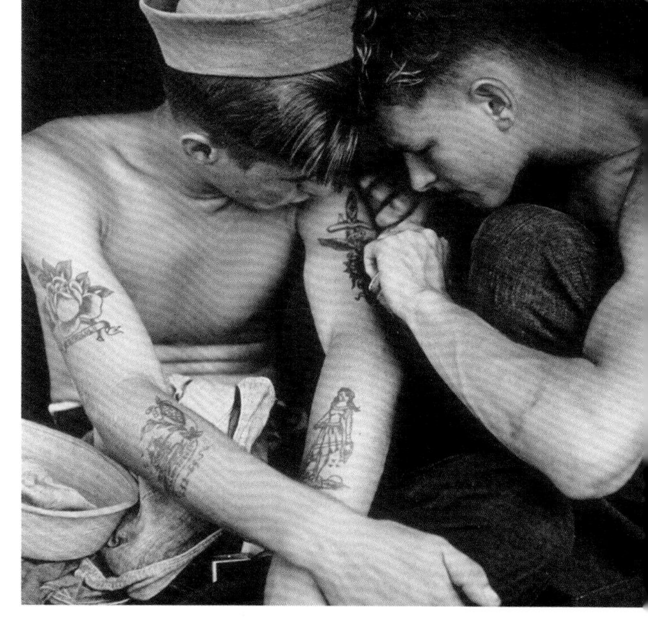

马克·雅克布（Marc Jacobs）

184页上左图：两名老农妇坐在长门廊前的椅子上，玛格丽特·伯克－怀特拍摄

184页上右图：马克·雅克布2009年春夏“美洲”系列

184页下左图：一个女孩正试图戴上一顶大草帽，杰尼威·奈乐（Genevieve Naylor）拍摄

184页下右图：一件古老的美国丝质衬衣，1890年

下图：路易斯安娜州阿米特（Amite）市的年轻本土居民，本·沙恩拍摄

马克·雅克布出生于纽约，并进入纽约帕森斯时装设计学院进行深造。1984年，他在帕森斯学院学习期间同时获得佩里·埃利斯（Perry Ellis）金顶针奖和学生设计奖。学习结束后，雅克布在埃利斯逝世后成为佩里·埃利斯的设计师。1986年他以自己的名字作为品牌名推出第一个设计系列，1987年获得由美国服装设计师协会（CFDA）颁发美国时装界最高荣誉奖项——“最佳设计新秀奖”。1992年他们再一次授予雅克布“年度最佳女装设计师”的称号；就在同年他为佩里·埃利斯设计了“垃圾”系列，这一系列吸引了时尚媒体的注意，但同时也导致他被解雇。1994年他发布自己的第一个男装系列。

1997年，雅克布被委任为法国奢侈品牌路易·威登的艺术总监，负责公司的第一个成衣设计。在路易·威登，他与很多艺术家合作设计时装系列，这些艺术家包括斯蒂芬·斯普劳斯（Stephen Sprouse）、村上隆（Takashi Murakami）以及理查德·普林斯（Richard Prince）。

他的很多马克·雅克布系列及马克系列都深受过去几十年时尚的影响。从维多利亚时期到20世纪80年代，他都可以借鉴，就像过去的杰出设计师通过作品微妙地表达对那个时代设计师的尊敬，例如伊夫·圣·洛朗、米索尼（Missoni）。他的作品有时候也反映了对文化和电影瞬间灵感的捕捉。

拉尔夫·劳伦（Ralph Lauren）

劳伦生于纽约布朗克斯（Bromx），原名拉尔夫·希茨（Ralph Lifshitz）。他在16岁时和哥哥杰瑞（Jerry）一起更改了名字，他将名字改为拉尔夫·劳伦。在高中时期，他因为出售领带给同学而被同学们记住了。劳伦从来没有学过服装，他进入巴鲁克（Baruch）公民管理商学院，在那学习商业。1962年～1964年，他在美国军队工作，1964年12月与瑞奇·安妮（Ricky Anne）在纽约结婚。

劳伦在布克（Brooks）兄弟公司做过销售员，1967年，在诺曼·希尔顿（Norman Hilton）的财政支持下，他开设了一家店铺，自己设计并销售以Polo为品牌名的领带，而这一名称是他从希尔顿（Hilton）那里购买来的。

1972年拉尔夫·劳伦发布了印有马球运动员商标的短袖休闲衬衫，这种衬衫采用珠地网眼布，有24种颜色，并迅速流行，成为一种经典。在接下来的几年里，他以这一经典为基础进行创新设计，并以此为创业的契机，带来一股真正意义上的英式风格，将上流社会和乡村风带入美国的时尚潮流中。在40周年纪念秀场上，拉尔夫·劳伦重温了他之前所有热爱的东西，他说道："我的灵感来源于我曾经热爱的每一件事物，这些就是了。"经过一段漫长而成功的设计生涯后，他将所有典型的英式主题放到一起：奥黛丽·赫本在经典电影《窈窕淑女》中的形象——穿着塞西尔·比顿设计的的裙装；马术主题的短马靴和骑马夹克，丝绸和印花；配折伞、戴凉帽、穿黑色套服的伦敦绅士；"英式花卉印花"长裙，苏熙·曼奇斯（Suzy Menkes）在2007年9月9日国际先驱论坛报秀场上穿着。

左图：穿着骑马服的男士，皮尔·曼格（Pierre Mourgue）绘制

187页图：拉尔夫·劳伦2008年春夏系列，以骑士和绅士为灵感设计的服装

亚历山大·麦昆（Alexander McQueen）

1985 年，年仅 16 岁的亚历山大·麦昆离开学校，当时他没有艺术基础。亚历山大·麦昆在塞维尔街裁缝服装店工作了一段时间，在那里他学到了缝制技巧，这些缝制技巧令他的作品日后闻名于世。在意大利工作一段时间之后，亚历山大·麦昆于 1994 年攻读伦敦中央圣马丁艺术与设计学院的硕士课程，毕业作品展上他的毕业设计系列被《时尚》杂志的时装编辑伊莎贝拉·布勒（Isabella Blow）买走。

亚历山大·麦昆早期的服装作品富有冲击力并充满争议，这为他赢得一定的声誉，如他设计腰线极低、命名为“包屁者”的裤子，以及 1995 年被称为“高原强暴”的系列设计。随后他设计了“饥饿游戏”系列，灵感来源于吸血鬼电影；然后是以但丁地狱为灵感来源的“但丁”系列。艺术家兼摄影师汉斯·贝尔默（Hans Bellmer）为他下一季的设计带来了灵感，即 1997 年夏季的“玩具娃娃”系列。他后来的设计主题多种多样，包括圣女贞德和非洲西部的约鲁巴（Yoruba）人。亚历山大·麦昆逐渐以丰富的 T 台作品闻名，其作品经常由艺术总监西蒙·克斯汀（Simon Costin）进行监管。在他的秀场上，我们看到雪和雨、海难、森林、由人所扮演的棋盘游戏。在 1998 年秋季秀场上，机器装备向超模莎琳·夏露（Shalom Harlow）穿着的白色裙子喷洒颜料。双腿被截肢的艾米·穆林斯（Aimee Mullins）带着为她定制的假肢大步流星地走上舞台，在 2006 年的秀场“卡洛登（Culloden）之窗”中，观众目睹了一个与实际大小一样的超模凯特·摩斯（Kate Moss）利用全息影技术消失在屏幕中。

亚历山大·麦昆因为将戏剧和奢侈同时带入 T 台而被人们所记住，他对于技术的运用十分具有创新精神，并且颇具创意地将现代元素引入传统主题

188 页图：1920 年，印度卡普尔塔拉（Kapurthala），印度皇帝贾加提（Maharaja Jagatjit Singh）25 周年纪念上拍摄的照片

下左图：亚历山大·麦昆 2008 年秋冬系列服装，灵感来源于印度的服装

上右图：维多利亚皇后年轻时的肖像，1842 年绘制

下右图：传统印第安服饰纱丽

中，在他的秀场上观众总能感到震惊、意外并愉悦。

2000 年 12 月，古奇集团收购了亚历山大·麦昆公司 51% 的股份，亚历山大·麦昆成为创意总监。古奇在伦敦、米兰和纽约开设了分店，并开始生产“王国”和“王后”系列香水。2005 年，亚历山大·麦昆开始与彪马合作，为该运动品牌设计了一系列的运动鞋。2006 年，推出了麦蔻（McQ）品牌，这是一个更年轻、价格更合理的副线品牌。

亚历山大·麦昆于 2010 年 2 月逝世。公司继续由前任设计师助理莎拉·波顿（Sarah Burton）所领导，并继续从公司保存的丰富调研资料中汲取灵感，如与电影、文学、家庭和历史相关的资料，启发设计师创作灵感的艺术作品和摄影作品。

“巨人一头扎进花园”，这幅画作由玛格瑞特·W. 塔兰特（Margaret W.Tarrant）绘制（1888—1959）

普拉达（Prada）

普拉达，由马里奥·普拉达（Mario Prada）和他的弟弟马蒂诺（Martino）于 1913 年在米兰创立，最终被缪西亚·普拉达（Miuccia Prada）购买并推上时尚的前沿。缪西亚·普拉达于 1970 年进入该公司，在 1979 年发布了她的第一个背包和手提包的系列。这些包由坚硬的黑色尼龙制成，她的祖父就曾用黑色尼龙制作扁皮箱的封皮。到了 1984 年，黑色尼龙手提包和帆布背包成为世界时尚潮流单品。

缪西亚·普拉达继续不断地发展、壮大公司，在 1989 年发布同名女装成衣系列之后，普拉达的名声和声誉在时尚界得到极大的提升。对时尚敏感的消费者而言，超时尚的美学以及新颖、不同寻常的色彩和面料组合中随处可见，尽管做得很低调，普拉达依然显示出其品牌的高档奢华。

缪西亚·普拉达的设计不同寻常，并对其设计系列的任何灵感来源都有自己独到的见解，她也因此而闻名，缪西亚经常为一线记者们这样描述："它很简单"，或者"一些很简单却不寻常的事物"，还有"我厌倦了甜美风格"等。

这里有一张 2008 年春夏系列的图片，这个系列可能是她更富视觉冲击力和造型感的系列。普拉达运用 1970 年新艺术复兴时期迷幻的印花来表现本季特色：穿着丝绸束腰外衣和长裤的仙女和森林女神，将这种儿童童话素材与前卫摇滚的专辑封面相结合。

莎拉·摩尔（Sarah Mower）曾在 www.style.com 上高度评价缪西亚·普拉达，并称她为"时尚界最蠢蠢欲动的创意力量"。

下右图：裸盖菇变蓝孢子丝菌，这是一种具有强效迷幻作用的蘑菇

下左图：普拉达 2008 年春夏系列的服装上印有具有童话色彩的印花

维果 & 罗夫
(Victor & Rolf)

维克多·霍斯廷(Viktor Horsting)和罗夫·斯诺伦(Rolf Snoeren)曾一起进入荷兰阿纳姆(Arnhem)艺术设计学院学习，打算毕业后合作，1993 年他们回到巴黎开始他们的事业。他们的第一个系列是 1993 年获奖的“雅高(Hyeres)”，这一系列以解构、分层和扭曲为主题。随后他们在艺术空间举办了 4 个系列的服装展，之后的 1998 年春季，他们发布了首个高级女装系列。2000 年秋冬，他们回归成衣业，推出“星条”成衣系列。2003 年秋季，他们在自己的产品线里加入男装“绅士”。

同川久保玲、朗万和卡尔·拉格菲尔德一样，维果 & 罗夫已经同瑞典高街连锁品牌 H&M 进行合作。他们最近新出的系列有：上下颠倒的衣服，伴随着倒带的音乐进行展示；表面上看起来不可能留下孔的舞会礼服；此外，在他们的一场秀中，一个孤单的模特站在旋转的舞台上，表情惊恐，像俄罗斯娃娃般。2008 年，维果 & 罗夫的 15 周年纪念展在伦敦巴比肯(Barbican)美术馆举行，在一个房屋里陈列了一个巨大的洋娃娃与 50 多个小洋娃娃，它们每一个都穿着维果 & 罗夫缩小版的迷你服装。

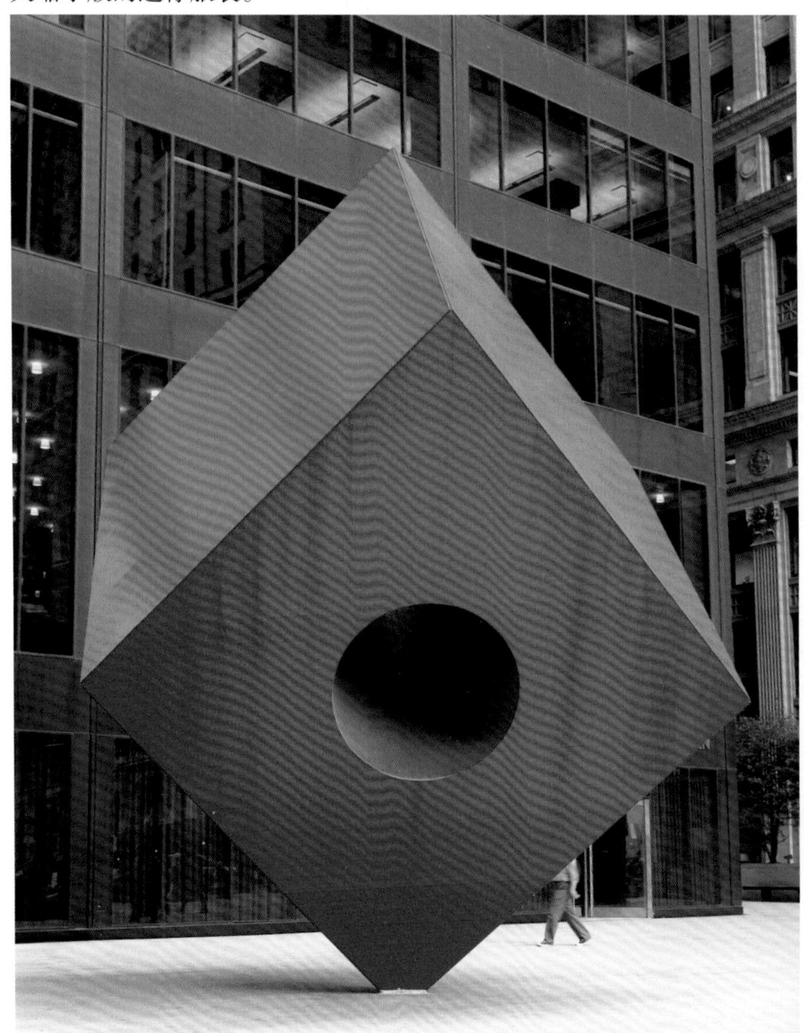

右图： 野口勇(ISamu Noguchi)的红色立方体雕塑，矗立在纽约百老汇的海丰建筑前

193 页图： 维果 & 罗夫 2010 年春夏系列

渡边淳弥
（Junya Watanabe）

日本设计师渡边淳弥1984年毕业于日本文化服装学院，并进入川久保玲的公司工作，1992年他开始以自己的名义另起炉灶。作为一名设计师，他能够成功地从细致入微的调研中提取灵感，能够将一件黑色羽绒夹克改造成一件优雅的裙子，也能够将一个非洲纺织品变成一件打褶的服装，或者将一件军事飞行服改造成合体的上衣、裤子或军用防水短上衣。他常常以不一样的方式来重新诠释每一个事物，并且始终设法以原有调研服装为基础，巧妙地令每一个裁片新颖、有特色、真实。渡边淳弥的每一场秀都从一个或两个小研究领域孕育而生，并且都以最初的视觉灵感为基础，巧妙地设计出40套或50套衣服。

在2006年秋冬的秀场中，渡边淳弥选择军绿色飞行服和军装作为他的最初调研案例。那些外套曾无数次地被他改做成其他形式的服装，如衬衣、裤子、大衣和裙子。这44套衣服在本质上是以同一件服装为基础进行设计的，这体现了设计师开展了大量深入的调查研究，并以此为基础，对艺术进行了再创造。

服装的样子在好几季都十分明显而强烈：色彩和面料的真伪，唯一的差别就是蕾丝（即使它被精确地染成军绿色），但是，服装上的大部分细节都能被立马辨认出来。这些细节包括帆布腰带、拉链、口袋和露出边缘的内衬，各种样式十分明显的缝线，设计师的语言在每一件飞行夹克中都表达地淋漓尽致。

194页图：渡边淳弥2006年春夏以飞行员夹克为灵感的服装

本页图：英国皇家空军的古老飞行员夹克

维维安·韦斯特伍德（Vivienne Westwood）

一个设计师总能拥有独到见解并且具有让大家震惊的能力，维维安·韦斯特伍德也不例外，1914 年她出生于德比郡（Derbyshire），原名维维安·伊莎贝尔·施怀恩（Vivienne Isabel Swire）。1957 年她搬至伦敦生活并进入哈罗（Harrow）艺术学校学习（现为威斯敏斯特大学），但是没有毕业。8 年后她遇到马尔柯姆·麦克拉伦（Malcolm Mclaren），随后两人于 1971 年在英皇大道 430 号开设第一家店，命名为"让其摇滚（Let It Rock）"。一年后店铺被重新设计并且重命名为"英年早逝（Too Fast To Live，Too Young To Die）"，下一年又重新装修，店名改为"性感（Sex）"。1976 年，这家店——现名为煽动者

（Seditionaries）——以朋克出名，逐渐成为新青年运动的精神家园。麦克拉伦经营着新的朋克品牌“性手枪（Sex Pistols）”，他穿过很多由韦斯特伍德和他自己设计、并在他们的精品店进行销售的衣服。

1980年，随着朋克运动高潮的到来，他们的店因“世界末日”系列而得名，与此同时，韦斯特伍德和麦克拉伦展示了他们秋冬季的创意设计“海盗（Pirates）”系列，这一系列以历史中的海盗服为设计灵感，包括真实的人物，以及小说和传奇中的角色，系列涉及马德拉斯（Madras）的棉质条纹布、流苏、三角帽和现在已经印为商标的波形曲线图案。之后推出的系列有1982年春季的“野蛮（Savage）”系列，1982～1983年秋冬的“水牛（Buf-falo）”系列，1983年春季的“朋克风潮（Punkature）”系列。同年他们在伦敦圣·克里斯多夫（St Christopher）地区开设第二家店，命名为“泥土乡愁（Nostalgia of Mud）”。1984年的春夏系列“睡眠之神修普诺斯（Hypnos）”从伦敦移至米兰参展。

韦斯特伍德首次具有影响力的男装系列“剪切（Cut and Slash）”于1990年在佛罗伦萨男装展上推出，同年，首家与维维安·韦斯特伍德同名的店在戴维斯（Davies）街6号开张，主要销售“红标签（Red Lable）”系列。1999年，随着她的第一家店在纽约开张，“红标签”系列在美国推出。2004年，伦敦的维多利亚和阿尔伯特博物馆展示了维维安·韦斯特伍德以前的一些代表性作品。

关于2010年秋冬系列“白马王子（Prince Charming）”，韦斯特伍德曾这样写道：

在进行系列设计的最初，我通常做一些实际性的事情。我看着放置在衣架上的第一件夹克，它的肩部和整体的比例让我想起舞剧中的男主角。于是我决定想一个童话主题，我不知道应该命名这一系列为“睡美人”还是“白马王子”，最后还是选择“白马王子”。秀场上首个出场的就是以这件夹克为灵感的大衣。穿这件服装的模特有白马王子的气质，或许你会对他的蓝色紧身衣有疑惑。在这场秀上你还能看

196页图：维维安·韦斯特伍德

中图：特洛伊（Troy）的海伦（Helen），由但丁·加布里尔·罗赛蒂（Dante Gabriel Rossetti）绘制

到汉塞尔（Hansel）与格莱特（Gretel），以及《格林童话》的黑森林中遇到的人物。

传统的民间童话对儿童十分重要，因为童话中富含深厚的心理学知识。童话故事主要讲述怎样应付危险、不公正以及不良品德，让孩子从各种虚构的故事中变得独立和成熟。

英雄们一般在最后都会获胜，这是好事情，即使他是一个傻子或者没有权利。一个五岁的小女孩对灰姑娘的故事十分着迷，有一天她对妈妈说："你没有对我很坏仅仅因为我是这个家庭中最漂亮的一员。"一个小男孩对正在给他讲《杰克与魔豆》故事的父亲说，"现在已经没有巨人了，不是吗？"在父亲回答前他又说道，"但是现在有大人了"。

我现在所做的每一件事情的内容都随着流行而变化。我像其他人一样，一觉醒来就意识到人类也将濒危灭绝，对此，我正努力地做些事情，并且希望了解世界。

人类的历史是如此让人难以置信，我们常常用不同的方法看世界，并且每天都在更新自己的观念。世界在改变，我们也在改变，每一个新时代都会迎来一个崭新的世界。生活是富裕而残酷的，我们很幸运，面临极大的风险与机遇。

在国家美术馆的长廊里陈列着一幅约翰·戈塞特（Jan Gossaert）创作的文艺复兴绘画，画面上有神圣的家庭、天使、三个聪明的男人以及他们的随从：我用它进行实验。每一个我设计的人物都适合穿着画中华丽的服饰。东方游客专门为了观赏这幅画而来到这里；其中有一个侍童，他的工作是固定好主人斗篷的拖裾，他向我们展示了一个与众不同的人生。这个世界一直是不同的。

左图：托马斯·庚斯博罗（Thomas Gainsborough）绘制的亨利·博福伊（Henry Beaufoy）女士

199 页图：维维安·韦斯特伍德受传统服饰启发而设计的 2010 年秋冬系列

山本耀司 (Yohji Yamamoto)

山本耀司1943年出生于东京，1981年巴黎时装工会学院邀请他去巴黎参展，一同前去的还有川久保玲以及她的品牌“像个男孩”（详见第40页～第41页和第176页～第177页），之后山本耀司在欧洲时尚界名气大增。山本耀司在这次展览中展出的女装灵感来源于男装的黑色，这使时尚界为之一震。他最喜欢的色彩是黑色，并且从不使用过度的装饰，他这样形容自己的设计：“将目光放在剪裁上”。

1989年，维姆·文德斯（Wim Wenders）拍摄了记录片《城市小调与时装》（*Notebook on Cities and Clothes*），记录了山本耀司是如何从德国摄影家奥古斯特·桑德斯（August Sanders）所拍摄的社会人像摄影中寻找灵感，这些照片出自于《20世纪的人》（*People of the 20th Century*）这一本书，而这本书也被川久保玲视为设计素材的来源。山本耀司的的父亲在一场战争中牺牲了，之后他的母亲穿了一件黑色丧服，这件丧服成为了他的灵感来源，“她只穿一件黑色丧服，我可以看到她的裙边在飘动。”他是一位极具现代思想的设计师，采用了运动以

下左图：山本耀司2008年春夏的褶皱裙，其灵感来源于维多利亚时期的褶皱裙以及男性化的剪裁

下右图：褶皱裙，1861年

及创意的裁剪技术，模糊了长久以来传统的男女装界限。

2010 年 11 月，山本耀司与苏珊娜·弗兰克（Susannah Frankel）一起出席了《独立报》的采访，其间山本耀司表示，当他在伦敦维多利亚和阿尔伯特博物馆（Victoria and Albert Museurn）回顾前，“我觉得最重要的一件事就是我一直坚持做同一件事，表达同一种观念，去时刻提醒别人我依然坚持自我。那些关注市场营销的人也许会这样想：‘山本耀司经常做些创造性的事情，他不会跟着时尚潮流走，也从来不会跟着时尚潮流走。’也许我会成为他们说的那样，也许那样就足够了。对我自己来说，我以自己的方式一直保持前行的步伐，我希望这样可以改变那些质疑的人的观点。”

上图：山本耀司的设计草图

下左图：山本耀司的肖像，由马克·C. 弗雷赫特（Marc C. O'Flaherty）拍摄

参考文献

Behrens, Roy R., *False Colors: Art, Design and Modern Camouflage*, Dysart, Iowa, 2002

Blechman, Hardy and Alex Newman, *DPM: Disruptive Pattern Material*, London, 2004

Boman, Eric and Harold Koda, *Rare Bird of Fashion: The Irreverent Iris Apfel*, London, 2007

Bonami, Francesco, Marialuisa Frisa and Stefano Tonchi, *Uniform, Order and Disorder*, Milan, 2001

Bott, Danièle, *Chanel: Collections and Creations*, London, 2007

Buttolph, Angela, *The Fashion Book*, London, 2001

Chenoune, Farid and Laziz Hamani, *Dior: 60 Years of Style: From Christian Dior to John Galliano*, London, 2007

Davies, Hywel and Nick Davies Knight, *British Fashion Designers*, London, 2008

Evans, Caroline, *Fashion at the Edge: Spectacle, Modernity and Deathliness*, New Haven, Conn., and London, 2007

Gorman, Paul, *The Look: Adventures in Rock and Pop Fashion*, London, 2006

Grand, France, *Comme des Garçons*, London, 1998

Hodge, Brooke and Patricia Mears, *Skin and Bones: Parallel Practices in Fashion and Architecture*, London, 2006

Huvenne, Paul, Emanuelle Dirix and Bruno Blonde, *Black: Masters of Black in Fashion and Costume*, Antwerp, 2010

Jackson, Lesley, *Robin and Lucienne Day: Pioneers of Modern Design*, New York and London, 2001

Jackson, Lesley, *Twentieth-Century Pattern Design*, New York and London, 2002

Jacobs, Marc, *Louis Vuitton: Art, Fashion and Architecture*, New York, 2009

Jones, Terry, *Fashion Now: Vol. 2 (Big Art)*, Cologne and London, 2008

Kirke, Charles, *Red Coat, Green Machine: Continuity in Change in the British Army 1700 to 2000*, London 2009

Koda, Harold and Kohle Yohannan, *The Model as Muse: Embodying Fashion*, New York, New Haven, Conn., and London, 2009

McDowell, Colin, *Galliano*, Rizzoli International Publications 1998

Maison Martin Margiela, *Maison Martin Margiela 20* (exhib. cat.), Antwerp, 2008

俄亥俄州（Ohio）中部 40 号公路边谷仓上的广告，由本·沙恩（Ben Shahn）拍摄

Mackrell, Alice, Richard Martin, Melanie Rickey and Suzy Menkes, *The Fashion Book*, London, 2001

Martin, Richard, *Fashion and Surrealism*, London, 1988

Mete, Fatma, 'The creative role of sources of inspiration in clothing design', *International Journal of Clothing Science and Technology*, Vol. 18, No. 4, pp.278–293 (2006)

Newark, Tim, *Camouflage*, London, 2009

Pavitt, Jane, *Fear and Fashion in the Cold War*, London, 2008

Quinn, Bradley, *The Fashion of Architecture*, Oxford, 2003

Rayner, Geoffrey, Richard Chamberlain and Annamarie Stapleton, *Artist's Textiles in Britain, 1945–1970: A Democratic Art*, Woodbridge, Suffolk, 1999

Rocha, John, *20th Century Icons: Fashion*, Absolute Press, 1999

Schiaparelli, Elsa, *Shocking Life*, London, 2007 [originally published 1954]

Sherwood, James and Tom Ford, *Savile Row: The Master Tailors of British Bespoke*, London, 2010

Smith, Paul, *You Can Find Inspiration in Everything*, London, 2003

Tucker, Andrew, *The London Fashion Book*, London, 1998

www.style.com

致谢

Shelley Fox, Andrew Groves, Mark C O'Flaherty, Willie Walters, Richard Gray, David Flamee, Howard Tangye, Sharon Graubard, Elyse Heckman, Daniele Fitzgerald, Chris Moore, Holly Daws, Elinor Renfrew, Andrew Ibi, Shen Shellenberger, Fiona Grimer, Madeleine Moran, Ana Valpassos, Maria Cornejo, Max Karie, Amy Leverton, Marc Newson, Patsy Youngstein, Zaha Hadid, Davide Giordano, Helen Storey, Egle Zygas, Claire Barrett, Pip,
Paul Tierney, Sue Copeland, Madelaine Kirke, Charles Kirke, Philip Marshall, Anna Sui, Chris Brooke, Bruno Basso,
Nancy Chilton, Erin Yokomizo, Lynda Grose, Katy Clune, Caryn Franklin, Terry Jones, Dominique Fenn, Daniel Ezikiel Samuel the 3rd, Paul Smith, Darren Hall, Stephanie Cooper, Colette Youell, Rebecca Jarrett Amissah-Aidoo, Shelley Landale-Down, Maria Eisl, Cornelia de Uphaugh, Stephen Jones, Tony Fisher, Peter Ashworth, Derrick Santini, Kate Edmunds, Hannah Marshall. With special thanks to Emma Shackleton.

The students and staff of Parsons The New School for Design, New York, Central Saint Martins, the University of Westminster, the Royal College of Art, and Kingston University, London.

ModeMuseum, Antwerp (MOMU)
Fashion and Textiles Museum, London
Metropolitan Museum of Art, New York
Los Angeles County Museum of Art (LACMA)
Philadelphia Museum of Art
Washington Textiles Museum
Fashion and Textiles Museum, Bath
Benenden Collection, Kingston University, London

1938 年，穿着饰有珍珠、壳片的“冒牌珍珠国王、王后及其孩子”（Pearly Kings and Queens – and pearly children）

1913 年，伦敦滑铁卢（Waterloo）车站上的行李搬运工

插图注解

1 & 2 Imagery courtesy of Basso & Brooke
6 Repository: Library of Congress Prints and Photographs Division, Washington, D.C., 20540, USA
7 Photo by Chris Moore
8 Archive Photos/Getty Images
9 Getty Images/Hulton Archive
10 Photo by Derrick Santini
15 Photo by Topical Press Agency/Getty Images
17 Photo by Chris Moore
18–19 Images by Ronald Stoops. Courtesy MOMU Antwerp
20–23 All images by and courtesy of Paul Smith except p.21 bottom right: photo by Martin Harvey/Getty Images
24 Portrait and main image by and courtesy of Mark C. O'Flaherty
25 Left: image courtesy of www.pips-trips.co.uk; right: photo by Chris Moore
26–27 Hat photos by Peter Ashworth, courtesy Stephen Jones; p.26 left: photo by Stephen Jones; p.27 right: photodisc/Getty Images
28–29 All images courtesy Studio M
30 Image courtesy Monica Cornejo + Zero
31 Images by Monica Feud
32–33 All images by Daniele Fitzgerald
34–35 All imagery courtesy Basso & Brooke except p.35 left: Sven Hagolani/Getty Images
36 Photo by Derrick Santini
37 Images courtesy Hannah Marshall
38–39 All images courtesy Stylesight
40 Corbis
41 Photo by Chris Moore
44 Photo by Chris Moore
45 Main image: courtesy Paul Frecker Collection; inset: courtesy Stylesight
46 Photo by Chris Moore
47 Top: Corbis; bottom: courtesy Stylesight
48 Images courtesy Stylesight
49 Collection of Anne Finch – pictures by the author
51 Left: photo by Felix Man/Getty Images; top right: courtesy Spiewak, New York; bottom right: courtesy the Benenden Collection, Kingston University, London, photo by Sean Wyatt
52 Bottom: courtesy Benenden Collection, Kingston University London, photo by Sean Wyatt
53 Getty Images
54–55 All images courtesy the Benenden Collection, Kingston University, London, photos by Sean Wyatt
56 Top: courtesy LACMA; bottom: courtesy Fashion & Textiles Museum, Bath
57 Top: courtesy Fashion & Textiles Museum, Bath; bottom left and right: LACMA
58 Images courtesy Philadelphia Museum of Art
59 Top: courtesy Washington Textiles Museum; bottom: courtesy Fashion & Textiles Museum, Bath
60 Photo by Frederik Vercruysse, image courtesy MOMU Antwerp
61 Photo by Chris Moore
62 Salvador Dalí, Fundació Gala-Salvador Dalí, DACS, 2012
63 Left: © Philadelphia Museum of Art/

Corbis; right: photo by Chris Moore
64 Left: photo by Chris Moore; right: image courtesy Stylesight
65 Image courtesy Philadelphia Museum
66 Top: © ADAGP, Paris and DACS, London 2012
67 Left (two images): courtesy Stylesight; right: photo by Chris Moore
68 Bottom left: image courtesy John Lambert; bottom right: image courtesy Stylesight
69 Photo by Chris Moore
70 Left: Photo by Chris Moore; right top: image courtesy the Paul Frecker collection; right bottom: photo by Carl Mydans/Time & Life Pictures/Getty Images; centre (jacket): image courtesy Stylesight
72 Right top: Getty Images; right bottom: image courtesy Stylesight
73 Left: photo by Chris Moore; right top: photo by Daniele Fitzgerald; right bottom: image courtesy Stylesight
74 Bottom left: photo by Chris Moore; bottom right: image courtesy Stylesight; top right: courtesy the Benenden Collection, Kingston University, London, photo by Sean Wyatt
75 Joe Raedle/Getty Images
76 Top: © Jose Nicolas/Sygma/Corbis
77 Photo by Chris Moore
78 Left: image courtesy Stylesight; bottom: courtesy oldmagazinearticles.com
79 Photo by Chris Moore
80 Image courtesy Stylesight
81 Top: image courtesy Stylesight; bottom: courtesy oldmagazinearticles.com
82 Top: Portrait courtesy of Dr & Mrs Kirke; bottom: images courtesy Stylesight
83 Photo by Chris Moore
84 Getty Images Editorial
85 Right: Getty Images Editorial
86 image © Grzegorz Michalowski/PAP/Corbis
87 Top left and top right: Images courtesy Stylesight; top centre: photo by Chris Moore; bottom: Library of Congress Prints and Photographs Division, Washington, D.C., 20540, USA
88 © Peter Adams/Corbis
89 Left: photo by Chris Moore; right: courtesy Middlesex Textiles
90 Left: Getty Images; right: image courtesy the Washington Textiles Museum
91 Photos by Chris Moore
92 Top right: courtesy www.anansevillage.com; bottom: © Franck Guiziou/Hemis/Corbis collection
93 Photo by Chris Moore
94 Left and bottom: courtesy Middlesex Textiles; right: courtesy courtesy http://www.art-vs.de
95 Photo by Chris Moore
96 Top: © Lindsay Hebberd/Corbis 1988; bottom: images courtesy Stylesight
97 Photo by Chris Moore
98 Photo by Chris Moore
99 Top: © Kazuyoshi Nomachi/Corbis; bottom: images courtesy Stylesight
100 Top: © Hugh Sitton/Corbis; bottom left: Library of Congress Prints and Photographs Division, Washington, D.C., 20540, USA; bottom right: image courtesy Stylesight
101 Left: © Hugh Sitton/Corbis; right: photo by Chris Moore
102 Top: Corbis; bottom: courtesy Zaha Hadid
103 Photo by Chris Moore
106 Images courtesy of Stylesight
107 Top left: image courtesy Marc Newson; top right: Corbis; bottom: photo by Chris Moore
108 Top right: Corbis
109 Photos by Chris Moore
110 Photos by Parsha Garyesh
111 Top left: image courtesy Zaha Hadid; top right: Getty Images; bottom: LACMA Collection
112 Top: courtesy Helen Storey/Aoife Ludlow; bottom: image of Wonderland by Alex Maguire
113: Image of Wonderland by Alex Maguire
114 Library of Congress Prints and Photographs Division, Washington, D.C., 20540, USA
115 Images courtesy Stylesight
116 Images courtesy Stylesight
117 J. Bruce Baumann/ Getty Images
118 Images courtesy Stylesight
119 Library of Congress Prints and Photographs Division, Washington, D.C., 20540, USA
120 Getty Images
121 Images courtesy Stylesight
122 All images Getty Images
123 Top: Getty Images; bottom: courtesy the Benenden Collection, Kingston University, London, photo by Sean Wyatt
124 Baseball cards from Library of Congress, Benjamin K. Edwards Collection. Library of Congress Prints and Photographs Division, Washington, D.C., 20540, USA
125 Images courtesy Stylesight
126 Bottom right: courtesy Mary Benson
127 Left: courtesy Spiewak New York; top: © Aaron McCoy/Wayne Chesledon/Getty Images
128 Photo by Chris Moore
130 Photo by Chris Moore
131 Corbis
132 Left: photo by Chris Moore; right: Corbis
133 Top: Corbis; bottom: photo by Chris Moore
134 Left: Getty Images; right: photo by Chris Moore
135 Top left: © Bettmann/Corbis; top right: photo by Chris Moore; bottom: courtesy the Benenden Collection, Kingston University, London, photo by Sean Wyatt
136 Images courtesy Darren Hall
137 Images courtesy *i-D* magazine/Peter Ashworth. Thanks to Terry Jones/*i-D* magazine
138 Images courtesy Lutz
139 Top: straight-ups courtesy Studio M; bottom: straight-ups courtesy Stylesight
140–143 All images courtesy Jens Laugesen
150 Images courtesy Shelley Fox
156 Top: images courtesy Harvey Edwards
158–159 Images courtesy Zoë Waters
160 © Bettmann/Corbis
161 Photos by Chris Moore
162 Left: photo by Chris Moore
163 Right: photo by Chris Moore
165 Left and right: photos by Chris Moore; centre: images courtesy Studio M
166 Top left and top right: photos by Chris Moore; bottom left: courtesy Paul Frecker collection; bottom right: courtesy Chicago History Museum
170 © Hulton-Deutsch Collection/Corbis
171 Top left: Time Life Pictures/Getty Images; bottom left: image courtesy Stylesight; right: photo by Chris Moore
172 Robert Llewellyn/Getty Images
173 SINEAD LYNCH/AFP/Getty Images
174 Left: © James Andanson/Apis/Sygma/Corbis; right: Getty Images
175 Top left: Guildford Borough Council Surrey UK/Getty Images; top right: photo by Chris Moore; bottom: Library of Congress Prints and Photographs Division, Washington, D.C., 20540, USA
176 Top left: courtesy Paul Frecker collection; right: Corbis; top & bottom: images courtesy Stylesight
177 Photo by Chris Moore
178 Library of Congress Prints and

Photographs Division, Washington, D.C., 20540, USA
179 Left: photo by Chris Moore; centre: Getty Images; right: Buyenlarge/Time Life Pictures/Getty Images
180 © Frans Lemmens/Corbis
181 Photo by Chris Moore
182 Photo by Chris Moore
183 Left: undated photo by Nadar. BPA2# 1658 © Bettmann/Corbis; top right: MPI/Getty Images; bottom right: Corbis
184 Top left: Margaret Bourke-White/Getty Images; bottom left: © Genevieve Naylor/Corbis; right: photo by Chris Moore
185 Library of Congress Prints and Photographs Division, Washington, D.C., 20540, USA
186 Corbis
187 Photos by Chris Moore
188 Getty Images
189 Left: photo by Chris Moore; top right: hateau de Versailles, France/Getty Images; bottom right: image courtesy Chicago History Museum
190 © Lebrecht Authors/Lebrecht Music & Arts/Corbis
191 Left: photo by Chris Moore; right: Nathan Griffith/Corbis
192 © The Isamu Noguchi Foundation and Garden Museum/ARS, New York and DACS, London 2012
193 Photo by Chris Moore
194 Photo by Chris Moore
195 All images by Daniele Fitzgerald
196 Getty Images
197 © The Gallery Collection/Corbis
198 © Francis G. Mayer/Corbis
199 Photo by Chris Moore
200 Left: photo by Chris Moore; right: Courtesy Paul Frecker Collection
201 Top: JEAN-PIERRE MULLER/AFP/Getty Images; bottom: image courtesy Mark C. O'Flaherty
202 Library of Congress Prints and Photographs Division, Washington, D.C., 20540, USA
203 Reg Speller/Fox Photos/Getty Images
204 Getty Images

译者的话

在翻译《时装设计：灵感·调研·应用》这本书的过程中，我收获颇丰，一边翻译，一边学习到不少关于服装设计灵感如何收集，如何进行调研以及如何将其应用于服装设计的方法。书中案例十分丰富，极具代表性，作者列举了大量时装设计师如何收集并应用调研材料进行设计的实例，直观地向读者展现了大量设计方法。本书对服装设计专业师生亦或服装行业从业人员都十分有益。此次翻译是中央高校基本科研业务与专项基金 XDJK2015C082 的阶段性成果之一。

西南大学　张春娥

2017 年 2 月

内 容 提 要

本书以调研、灵感和设计应用为重点，详细阐述调研过程、收集信息、寻找灵感并转化为设计产品的过程。同时，还配以大量设计案例，对当今炙手可热的设计师和品牌案例进行解析，分析调研和灵感在其服装设计中的具体表现和运用。

全书图文并茂，内容翔实丰富，图片精美，针对性强，具有较高的学习和研究价值，不仅适合高等院校服装专业师生学习，也可供服装从业人员、研究者参考使用。

原文书名：The Fashion Resource Book：Research for Design
原作者名：Robert Leach
Published by arrangement with Thames and Hudson Ltd，London

This edition first published in China in 2017 by China Textile and Apparel Press，Beijing

著作权合同登记号：图字：01–2013–0936

图书在版编目（CIP）数据

时装设计：灵感 ·调研·应用 /（英）罗伯特·利奇著；张春娥译 . -- 北京：中国纺织出版社，2017.7

（国际时尚设计丛书 . 服装）

书名原文：The Fashion Resource Book：Research for Design

ISBN 978–7–5180–3286–0

Ⅰ. ①时… Ⅱ. ①罗… ②张… Ⅲ. ①服装设计 Ⅳ. ① TS941.2

中国版本图书馆 CIP 数据核字（2017）第 025610 号

策划编辑：李春奕　　责任编辑：杨　勇　　责任校对：王花妮
责任设计：何　建　　责任印制：王艳丽

中国纺织出版社出版发行
地址：北京市朝阳区百子湾东里A407号楼　邮政编码：100124
销售电话：010 — 67004422　传真：010 — 87155801
http：//www.c-textilep.com
E-mail：faxing@c-textilep.com
中国纺织出版社天猫旗舰店
官方微博http：//weibo.com/2119887771
北京华联印刷有限公司印刷　各地新华书店经销
2017年7月第1版第1次印刷
开本：787×1092　1/16　印张：13
字数：160千字　定价：78.00 元

凡购本书，如有缺页、倒页、脱页，由本社图书营销中心调换